数 字 艺 术 精 品 课 程 培 训 教 材

中文版

Illustrator 2020

基础培训教程

数字艺术教育研究室 编著

人民邮电出版社

北京

图书在版编目（CIP）数据

中文版Illustrator 2020基础培训教程 / 数字艺术
教育研究室编著. -- 北京 : 人民邮电出版社, 2022.6（2024.7重印）
ISBN 978-7-115-57852-5

Ⅰ．①中… Ⅱ．①数… Ⅲ．①图形软件—教材 Ⅳ.
①TP391.41

中国版本图书馆CIP数据核字(2021)第227081号

内容提要

本书全面系统地介绍了 Illustrator 2020 的基本操作方法和矢量图形的制作技巧，包括 Illustrator 2020 的基础知识、图形的绘制与编辑、路径的绘制与编辑、对象的组织、颜色填充与描边、文本的编辑、图表的编辑、图层和蒙版、混合与封套扭曲、效果的使用及商业案例实训等内容。

本书主要以课堂案例为主线，通过对各案例实际操作的讲解，帮助读者快速上手，熟悉软件功能和艺术设计思路。书中的软件功能解析部分能使读者深入学习软件功能；课堂练习和课后习题可以拓展读者的实际应用能力，使读者熟练掌握软件使用技巧；商业案例实训可以帮助读者快速掌握商业图形的设计理念，使读者顺利达到实战水平。

随书附赠学习资源，包含书中案例的素材文件、效果文件和在线教学视频，以及赠送扩展案例。另外，还提供教师资源，包含教学大纲、授课计划、电子教案、PPT 课件、教学案例、实训项目、教学视频及教学题库。

本书适合作为相关院校平面设计、电商设计和 UI 设计等艺术类专业和培训机构 Illustrator 课程的教材，也可作为相关人员的参考用书。

◆ 编　著　数字艺术教育研究室
　　责任编辑　张丹丹
　　责任印制　马振武
◆ 人民邮电出版社出版发行　　北京市丰台区成寿寺路 11 号
　　邮编 100164　电子邮件 315@ptpress.com.cn
　　网址 https://www.ptpress.com.cn
　　固安县铭成印刷有限公司印刷
◆ 开本：787×1092　1/16
　　印张：16　　　　　　　2022 年 6 月第 1 版
　　字数：408 千字　　　　2024 年 7 月河北第 11 次印刷

定价：59.90 元

读者服务热线：**(010)81055410**　印装质量热线：**(010)81055316**
反盗版热线：**(010)81055315**
广告经营许可证：京东市监广登字 20170147 号

前 言

软件简介

　　Illustrator是由Adobe公司开发的矢量图形处理和编辑软件。它在插图设计、字体设计、广告设计、包装设计、界面设计、VI设计、动漫设计、产品设计和服装设计等领域都有广泛的应用，其功能强大、易学易用，深受图形图像处理爱好者和平面设计人员的喜爱。

如何使用本书

01 精选基础知识，快速上手 Illustrator

操作界面

菜单栏
标题栏
工具箱
页面区域
状态栏
工具属性栏
控制面板
滚动条
泊槽

工具箱

选择工具　　直接选择工具
魔棒工具　　套索工具
钢笔工具　　曲率工具
文字工具　　直线段工具
矩形工具　　画笔工具
铅笔工具　　橡皮擦工具
旋转工具　　比例缩放工具
宽度工具　　操控变形工具
形状生成器工具　　透视网格工具
网格工具　　渐变工具
吸管工具　　混合工具
符号喷枪工具　　柱形图工具
画板工具　　切片工具
抓手工具　　缩放工具
填色　　描边
颜色　　无
渐变　　绘图模式
　　　　更改屏幕模式
　　　　编辑工具栏

"色板"控制面板

色板

工具属性栏

锚点　　转换　　手柄　　锚点　　边角 ○ 0 mm　对齐　变换

绘图 + 文本 + 图表 + 特效 四大核心功能

2.4 对象的编辑

Illustrator 2020提供了强大的对象编辑功能，这一节讲解编辑对象的方法，其中包括对象的多种选取方式，对象的比例缩放、移动、镜像、旋转、倾斜、撤销和恢复，以及使用"路径查找器"控制面板编辑对象等。

精选典型
商业案例

2.4.1 课堂案例——绘制猫头鹰

案例学习目标 学习使用绘图工具、路径查找器控制面板绘制猫头鹰。

了解目标
和要点

案例知识要点 使用椭圆工具、多边形工具、镜像工具和路径查找器控制面板制作头部、耳朵和身体部分；使用多边形工具、添加锚点工具和直接选择工具绘制鼻子；使用椭圆工具、旋转工具和路径查找器控制面板制作翅膀；使用矩形工具、直接选择工具绘制脚；猫头鹰效果如图2-173所示。

效果所在位置 学习资源\Ch02\效果\绘制猫头鹰.ai。

图2-173

文字步骤
详解

1. 绘制头部

01 按Ctrl+N组合键，弹出"新建文档"对话框，设置文档的宽度为800px，高度为600px，取向为横向，颜色模式为RGB，单击"创建"按钮，新建一个文档。

2.4.2 选取

完成案例后，
深入学习软
件功能和制
作特色

Illustrator 2020提供了5种选择工具，包括选择工具▶、直接选择工具▷、编组选择工具▷、魔棒工具✏和套索工具⬚。它们都位于工具箱的上方，如图2-248所示。

选择工具▶：通过单击路径上的一点或一部分来选择整个路径。

直接选择工具▷：可以选择路径上独立的节点或线段，并显示出路径上的所有方向线以便于调整。

图2-248

编组选择工具▷：可以单独选择组合对象中的个别对象。

魔棒工具✏：可以选择具有相同笔画或填充属性的对象。

套索工具⬚：可以选择路径上独立的节点或线段，在直接选取套索工具拖动时，经过轨迹上的所有路径将被同时选中。

更多商业案例

课堂练习——绘制人物图标

练习知识要点 使用矩形工具、变换控制面板、多边形工具、椭圆工具和钢笔工具绘制人物头发及五官，使用直接选择工具调整矩形的锚点，使用钢笔工具绘制衣领，效果如图2-332所示。

素材所在位置 学习资源\Ch02\素材\绘制人物图标\01。

效果所在位置 学习资源\Ch02\效果\绘制人物图标.ai。

图2-332

巩固本章所学知识

课后习题——绘制动物挂牌

习题知识要点 使用圆角矩形工具、椭圆工具绘制挂环，使用椭圆工具、旋转工具、路径查找器命令、缩放命令和钢笔工具绘制动物头像，效果如图2-333所示。

效果所在位置 学习资源\Ch02\效果\绘制动物挂牌.ai。

图2-333

海报设计

插画设计

Banner 广告设计

包装设计

书籍封面设计

教学指导

本书的参考学时为64学时，其中讲授环节为30学时，实训环节为34学时，各章的参考学时参见下表。

章序	课程内容	学时分配	
		讲授	实训
第 1 章	初识 Illustrator 2020	2	
第 2 章	图形的绘制与编辑	4	4
第 3 章	路径的绘制与编辑	4	4
第 4 章	对象的组织	2	2
第 5 章	颜色填充与描边	4	4
第 6 章	文本的编辑	2	2
第 7 章	图表的编辑	2	2
第 8 章	图层和蒙版	2	2
第 9 章	混合与封套扭曲	2	2
第 10 章	效果的使用	2	4
第 11 章	商业案例实训	4	8
学时总计		30	34

配套资源

● 学习资源

案例素材文件	最终效果文件	在线教学视频	赠送扩展案例

● 教师资源

教学大纲	授课计划	电子教案	PPT 课件
教学案例	实训项目	教学视频	教学题库

这些学习资源文件均可在线获取，扫描"资源获取"二维码，关注我们的微信公众号，即可得到资源文件获取方式，并且可以通过该方式获得在线教学视频的观看地址。如需资源获取技术支持，请致函szys@ptpress.com.cn。

资源获取

教辅资源表

素材类型	数量	素材类型	数量
教学大纲	1 套	课堂案例	19 个
电子教案	11 单元	课堂练习	19 个
PPT 课件	11 个	课后习题	19 个

与我们联系

本书由"数艺设"出品,"数艺设"社区平台(www.shuyishe.com)为您提供后续服务。

我们的联系邮箱是szys@ptpress.com.cn。如果您对本书有任何疑问或建议,请您发邮件给我们,并请在邮件标题中注明本书书名及ISBN,以便我们更高效地做出反馈。

如果您有兴趣出版图书、录制教学课程,或者参与技术审校等工作,可以发邮件给我们。如果学校、培训机构或企业想批量购买本书或"数艺设"出版的其他图书,也可以发邮件给我们。

如果您在网上发现针对"数艺设"出品图书的各种形式的盗版行为,包括对图书全部或部分内容的非授权传播,请您将怀疑有侵权行为的链接通过邮件发给我们。您的这一举动是对作者权益的保护,也是我们持续为您提供有价值的内容的动力之源。

关于"数艺设"

人民邮电出版社有限公司旗下品牌"数艺设",专注于专业艺术设计类图书出版,为艺术设计从业者提供专业的图书、视频电子书、课程等教育产品。出版领域涉及平面、三维、影视、摄影与后期等数字艺术门类,字体设计、品牌设计、色彩设计等设计理论与应用门类,UI设计、电商设计、新媒体设计、游戏设计、交互设计、原型设计等互联网设计门类,环艺设计手绘、插画设计手绘、工业设计手绘等设计手绘门类。更多服务请访问"数艺设"社区平台www.shuyishe.com。我们将提供及时、准确、专业的学习服务。

目 录

第3章 路径的绘制与编辑

第4章 对象的组织

第5章 颜色填充与描边

第 1 章

初识Illustrator 2020

本章介绍

　　本章将介绍Illustrator 2020的工作界面，以及矢量图和位图的概念。此外，还将介绍文件的基本操作和图像的显示。通过本章的学习，读者可以掌握Illustrator 2020的基本功能，为进一步学习好Illustrator 2020打下坚实的基础。

学习目标

● 了解Illustrator 2020的工作界面。

● 了解矢量图和位图的区别。

● 熟练掌握文件的基本操作方法。

● 掌握更改显示图像效果的操作技巧。

● 掌握标尺、参考线和网格的使用方法。

技能目标

● 熟练掌握文件的新建、打开、保存和关闭方法。

● 熟练掌握更改图像显示效果的操作方法。

● 熟练掌握标尺、参考线和网格的应用。

1.1 Illustrator 2020的工作界面

Illustrator 2020的工作界面主要由菜单栏、标题栏、工具箱、工具属性栏、控制面板、页面区域、滚动条、泊槽及状态栏组成，如图1-1所示。

图1-1

菜单栏：包括Illustrator 2020所有的操作命令，主要有9个主菜单，每个主菜单又包括各自的子菜单，通过选择这些命令可以完成基本操作。

标题栏：左侧是当前文档的名称、显示比例和颜色模式，右侧是控制窗口的按钮。

工具箱：包括Illustrator 2020所有的工具，其中大部分工具有展开式工具栏，包括与该工具功能类似的工具，可以更方便、快捷地进行绘图与编辑。

工具属性栏：选择工具箱中的工具后，Illustrator 2020的工作界面中会出现该工具的属性栏。

控制面板：使用控制面板可以快速调出许多设置数值和调节功能的面板，这是Illustrator 2020最重要的组件之一。控制面板是可以折叠的，可根据需要分离或组合，非常灵活。

页面区域：工作界面的中间是以黑色实线表示的矩形区域，这个矩形的大小就是用户设置的页面大小。

滚动条：当屏幕内不能完全显示出整个文档时，通过拖曳滚动条可以实现对整个文档的浏览。

泊槽：用来组织和存放控制面板。

状态栏：显示当前文档视图的显示比例及当前正使用的工具等信息。

1.1.1 菜单栏及其快捷方式

熟练地使用菜单栏能够快速、有效地绘制和编辑图像，事半功倍。下面详细讲解菜单栏。

Illustrator 2020的菜单栏包含"文件""编辑""对象""文字""选择""效果""视图""窗口""帮助"共9个主菜单，如图1-2所示。每个主菜单包含相应的子菜单。

文件(F) 编辑(E) 对象(O) 文字(T) 选择(S) 效果(C) 视图(V) 窗口(W) 帮助(H)

图1-2

主菜单的下拉菜单的左边是命令的名称，经常使用的命令右边是该命令的快捷键，直接按快捷键可以执行该命令。例如，"选择 > 全部"命令的快捷键为Ctrl+A。

有些命令的右边有一个向右的黑色箭头图标，表示该命令还有相应的子菜单，单击即可弹出其子菜单。有些命令的后面有省略号…，表示单击该命令可以弹出相应的对话框，在对话框中可进行更详尽的设置。有些命令呈灰色，表示该命令在当前状态下不可用，在选中相应的对象或在对应的设置时才可用。

1.1.2 工具箱

Illustrator 2020的工具箱内包括了大量具有强大功能的工具，这些工具可以使用户在绘制和编辑图像的过程中制作出更加精彩的效果。工具箱如图1-3所示。

工具箱中部分工具按钮的右下角有一个黑色三角形，表示该工具还有展开工具组，按住该工具不放，即可弹出展开工具组。例如，按住文字工具，将展开文字工具组，如图1-4所示。单击文字工具组右边的黑色三角形，如图1-5所示，文字工具组即可从工具箱分离出来，成为一个相对独立的工具栏，如图1-6所示。

图1-3   图1-4   图1-5   图1-6

下面介绍主要的展开工具组。

直接选择工具组：包括2个工具，分别是直接选择工具和编组选择工具，如图1-7所示。

钢笔工具组：包括4个工具，分别是钢笔工具、添加锚点工具、删除锚点工具和锚点工具，如图1-8所示。

文字工具组：包括7个工具，分别是文字工具、区域文字工具、路径文字工具、直排文字工具、直排区域文字工具、直排路径文字工具和修饰文字工具，如图1-9所示。

图1-7　　　　　　图1-8　　　　　　图1-9

直线段工具组：包括5个工具，分别是直线段工具、弧形工具、螺旋线工具、矩形网格工具和极坐标网格工具，如图1-10所示。

矩形工具组：包括6个工具，分别是矩形工具、圆角矩形工具、椭圆工具、多边形工具、星形工具和光晕工具，如图1-11所示。

画笔工具组：包括2个工具，分别是画笔工具和斑点画笔工具，如图1-12所示。

铅笔工具组：包括5个工具，分别是Shaper工具、铅笔工具、平滑工具、路径橡皮擦工具和连接工具，如图1-13所示。

图1-10　　　　图1-11　　　　图1-12　　　　图1-13

橡皮擦工具组：包括3个工具，分别是橡皮擦工具、剪刀工具和美工刀，如图1-14所示。

旋转工具组：包括2个工具，分别是旋转工具和镜像工具，如图1-15所示。

比例缩放工具组：包括3个工具，分别是比例缩放工具、倾斜工具和整形工具，如图1-16所示。

宽度工具组：包括8个工具，分别是宽度工具、变形工具、旋转扭曲工具、缩拢工具、膨胀工具、扇贝工具、晶格化工具和皱褶工具，如图1-17所示。

图1-14　　　　　图1-15　　　　　图1-16　　　　　图1-17

操控变形工具组：包括2个工具，分别是自由变换工具和操控变形工具，如图1-18所示。

形状生成器工具组：包括3个工具，分别是形状生成器工具、实时上色工具和实时上色选择工具，如图1-19所示。

透视网格工具组：包括2个工具，分别是透视网格工具和透视选区工具，如图1-20所示。

吸管工具组：包括2个工具，分别是吸管工具和度量工具，如图1-21所示。

| 图1-18 | 图1-19 | 图1-20 | 图1-21 |

符号喷枪工具组：包括8个工具，分别是符号喷枪工具、符号移位器工具、符号紧缩器工具、符号缩放器工具、符号旋转器工具、符号着色器工具、符号滤色器工具和符号样式器工具，如图1-22所示。

柱形图工具组：包括9个工具，分别是柱形图工具、堆积柱形图工具、条形图工具、堆积条形图工具、折线图工具、面积图工具、散点图工具、饼图工具和雷达图工具，如图1-23所示。

切片工具组：包括2个工具，分别是切片工具和切片选择工具，如图1-24所示。

抓手工具组：包括2个工具，分别是抓手工具和打印拼贴工具，如图1-25所示。

| 图1-22 | 图1-23 | 图1-24 | 图1-25 |

1.1.3 工具属性栏

Illustrator 2020的工具属性栏可以快捷应用与所选对象相关的选项，它根据所选工具和对象的不同来显示不同的选项，包括画笔、描边、样式等多个控制面板的功能。选择路径对象的锚点后，工具属性栏如图1-26所示。选择"文字"工具 T 后，工具属性栏如图1-27所示。

图1-26

图1-27

1.1.4 控制面板

Illustrator 2020的控制面板位于工作界面的右侧，包括许多实用、快捷的工具和命令。Illustrator 2020的控制面板更合理，可以为用户绘制和编辑图像带来更大的方便。

图1-28

图1-29

控制面板以组的形式出现，图1-28所示是其中的一组控制面板。选中并按住"色板"控制面板的标题不放，如图1-29所示，向页面中拖曳，如图1-30所示。拖曳到控制面板组外时，释放鼠标，将形成独立的控制面板，如图1-31所示。

图1-30

单击控制面板右上角的折叠为图标按钮 ❮❮ 和展开按钮 ❯❯ ，可以折叠或展开控制面板，如图1-32所示。将鼠标光标放在控制面板右下角，当鼠标光标变为 图标时，按住并拖曳鼠标可放大或缩小控制面板。

图1-31　　　　　　　　图1-32

绘制图形时，经常需要选择不同的选项和数值，可以通过控制面板直接进行操作。选择"窗口"菜单中的各个命令可以显示或隐藏控制面板，这样可省去反复选择命令或关闭窗口的麻烦。控制面板为设置数值和修改命令提供了一个方便、快捷的平台，使软件的交互性更强。

1.1.5 状态栏

状态栏在工作界面的最下面，包括3个部分。第1个部分的百分比表示当前文档的显示比例；第2个部分是画板导航，可在画板间切换；第3个部分显示当前使用的工具，当前的日期、时间，文件操作的还原次数和文档颜色配置文件等，如图1-33所示。

图1-33

1.2 矢量图和位图

在Illustrator软件中，大致会应用两种图像，即位图图像与矢量图形。Illustrator 2020不仅可以制作出各式各样的矢量图形，还支持导入位图图像进行编辑。

位图图像也叫点阵图像，如图1-34所示，它是由许多单独的点组成的。这些点又称为像素点，每个像素点都有特定的位置和颜色值。位图图像的显示效果与像素点是紧密联系在一起的，不同排列和着色的像素点在一起就组成了一幅色彩丰富的图像。像素点越多，图像的分辨率越高，图像的文件量也会越大。

在Illustrator 2020中对位图进行编辑时，可以使用变形工具对位图进行变形处理，还可以通过复制工具在画面上复制出相同的位图，制作更完美的作品。位图图像的优点是制作的图像色彩丰富；不足之处是文件量太大，而且在放大像时图会失真，边缘会出现锯齿，模糊不清。

矢量图形也叫向量图形，如图1-35所示，它是一种基于数学方法的绘图方式。矢量图中的各种图形元素称为对象，每一个对象都是独立的个体，具有大小、颜色、形状和轮廓等特性。在移动对象和改变属性时，可以保持对象原有的清晰度和弯曲度。矢量图形是由一条条的直线或曲线构成的，在填充颜色时，会按照指定的颜色沿轮廓边缘进行着色。

图1-34

图1-35

矢量图形的优点是文件量较小，显示效果与分辨率无关，在缩放图形时，对象会保持原有的清晰度及弯曲度，颜色和形状不会发生任何偏差和变形，不会产生失真的现象；不足之处是不易制作色彩丰富的图像，无法绘制像位图图像那样精确描绘各种绚丽景象的图像。

1.3 文件的基本操作

在制作平面设计作品前，需要掌握一些基本的文件操作方法。下面介绍新建、打开、保存和关闭文件的方法。

1.3.1 新建文件

选择"文件 > 新建"命令（快捷键为Ctrl+N），弹出"新建文档"对话框，单击上方的类别选项卡，根据需要选择预设新建文档，如图1-36所示。在右侧的"预设详细信息"选项区可以修改图像的名称、宽度、高度、分辨率和颜色模式等预设。设置完成后，单击"创建"按钮，即可建立一个新的文档。

"名称"选项：可以在选项中输入新建文件的名称，默认为"未标题 - 1"。

"宽度"和"高度"选项：用于设置文件的宽度和高度的数值。

"单位"选项：设置文件所采用的单位，默认为"毫米"。

"方向"选项：用于设置新建页面竖向或横向排列。

"画板"选项：可以设置页面中画板的数量。

"出血"选项：用于设置页面上、下、左、右的出血值。默认状态下，右侧为锁定 状态，此时可同时设置出血值；单击右侧的按钮，使其处于解锁状态，可单独设置出血值。

单击"高级选项"左侧的箭头按钮 ，可以展开高级选项，如图1-37所示。

"颜色模式"选项：用于设置新建文件的颜色模式。

"光栅效果"选项：用于设置文件的栅格效果。

"预览模式"选项：用于设置文件的预览模式。

单击 更多设置 按钮，弹出"更多设置"对话框，如图1-38所示。

图1-36　　　　　　　　　　　　　　　图1-37　　　　　　　　　图1-38

1.3.2 打开文件

选择"文件 > 打开"命令（快捷键为Ctrl+O），弹出"打开"对话框，如图1-39所示。在对话框中搜索要打开的文件路径，确认文件类型和名称，单击"打开"按钮，即可打开选择的文件。

1.3.3 保存文件

当用户第一次保存文件时，选择"文件 > 存储"命令（快捷键为Ctrl+S），弹出"存储为"对话框，如图1-40所示，在"文件名"后输入要保存文件的名称，设置保存文件的路径、类型。设置完成后，单击"保存"按钮，即可保存文件。

当用户对图形文件进行编辑操作后需要保存时，选择"存储"命令后，将不弹出"存储为"对话框，计算机会直接保存结果，并覆盖原文件。因此，在未确定要放弃原始文件之前，需慎用此命令。

图1-39

图1-40

若既想保存修改过的文件，又不想放弃原文件，则可以用"存储为"命令。选择"文件 >存储为"命令（快捷键为Shift+Ctrl+S），弹出"存储为"对话框，在这个对话框中，可以为修改过的文件进行重新命名，并设置文件的路径和类型。设置完成后，单击"保存"按钮，可以保留原文件不变，而修改过的文件被另存为一个新的文件。

1.3.4 关闭文件

"关闭"命令只有当有文件被打开时才呈现为可用状态。选择"文件 > 关闭"命令（快捷键为Ctrl+W），如图1-41所示，可将当前文件关闭，单击绘图窗口右上角的按钮⊠也可以关闭文件。若当前文件被修改过或文件是新建的，那么在关闭文件时系统会弹出一个提示框，如图1-42所示。单击"是"按钮即可先保存再关闭文件，单击"否"按钮即不保存对文件的更改而直接关闭文件，单击"取消"按钮即取消关闭文件的操作。

图1-41

图1-42

1.4 图像的显示

用户在使用Illustrator 2020绘制和编辑图形图像的过程中，可以根据需要随时调整图形图像的显示模式和显示比例，以便对所绘制和编辑的图形图像进行观察和操作。

1.4.1 视图模式

Illustrator 2020包括6种视图模式，即"CPU预览""GPU预览""轮廓""叠印预览""像素预览"和"裁切视图"，绘制图像时，可根据需要选择不同的视图模式。

"CPU预览"模式是系统默认的模式，图像显示效果如图1-43所示。

"GPU预览"模式可以在屏幕分辨率的高度或宽度大于2000像素时，按轮廓查看图稿。此模式下，轮廓的路径显示会更平滑，且可以缩短重新绘制图稿的时间。如果当前图像为其他模式，选择"视图 > GPU预览"命令（快捷键为Ctrl+E），即可切换到"GPU预览"模式。

"轮廓"模式隐藏了图像的颜色信息，用线框轮廓来表现图像。在"轮廓"模式下绘制图像时可以根据需要，单独查看轮廓线，可以极大地节省图像运算的速度，提高工作效率。"轮廓"模式的图像显示效果如图1-44所示。如果当前图像为其他模式，选择"视图 > 轮廓"命令（快捷键为Ctrl+Y），即可切换到"轮廓"模式，再选择"视图 > 在CPU上预览"命令（快捷键为Ctrl+Y），切换到"CPU预览"模式，可以预览彩色图稿。

"叠印预览"模式可以显示接近油墨混合的效果，如图1-45所示。如果当前图像为其他模式，选择"视图 > 叠印预览"命令（快捷键为Alt+Shift+Ctrl+Y），即可切换到"叠印预览"模式。

"像素预览"模式可以将绘制的矢量图像转换为位图显示，方便用户控制图像的精确度和尺寸等。转换后的图像在放大时会看见排列在一起的像素点，如图1-46所示。如果当前图像为其他模式，选择"视图 > 像素预览"命令（快捷键为Alt+Ctrl+Y），即可切换到"像素预览"模式。

图1-43　　　　　　图1-44　　　　　　图1-45　　　　　　图1-46

"裁切视图"模式可以剪除画板边缘以外的图稿，并隐藏画布上的所有非打印对象，如网格、参考线等。选择"视图 > 裁切视图"命令，即可切换到"裁切视图"模式。

1.4.2 适合窗口大小显示图像

绘制图像时，可以选择"适合窗口大小"命令来显示图像，这时图像会最大限度地显示在工作界面中并保持其完整性。

选择"视图 > 画板适合窗口大小"命令（快捷键为Ctrl+0），图像的显示效果如图1-47所示。双击抓手工具，也可以将图像调整为适合窗口大小显示。

选择"视图 > 全部适合窗口大小"命令（快捷键为Alt+Ctrl+0），可以查看窗口中所有画板的内容。

图1-47

1.4.3 实际大小显示图像

选择"实际大小"命令可以将图像按100%的效果显示，这时可以对文件进行精确的编辑。

选择"视图 > 实际大小"命令（快捷键为Ctrl+1），图像显示的效果如图1-48所示。

图1-48

1.4.4 放大显示图像

选择"视图 > 放大"命令（快捷键为Ctrl++），每选择一次"放大"命令，页面内的图像就会被放大一级。例如，图像以100%的比例显示在屏幕上时，选择"放大"命令一次，则变成150%的比例显示，再选择一次，则变成200%，放大后的效果如图1-49所示。

使用缩放工具可以放大显示图像。选择缩放工具Q，在页面中鼠标光标会自动变为放大镜图标，鼠标每单击一次，图像就会放大一级。例如，图像以100%的比例显示在屏幕上，单击鼠标一次，则变成150%的比例显示，放大的效果如图1-50所示。

图1-49

若要放大图像的局部区域,则先选择缩放工具，然后把放大镜图标定位在要放大的区域外，按住并拖曳鼠标，画出矩形框框选所需的区域，如图1-51所示，然后释放鼠标，这个区域就会放大显示并填满图像窗口，如图1-52所示。

图1-50

图1-51

图1-52

提示 正在使用其他工具时，若要切换到缩放工具，按住Ctrl+Space（空格）组合键即可。

使用状态栏也可放大显示图像。在状态栏中的百分比数值框 100% 中直接输入需要放大的百分比数值后，按Enter键即可执行放大操作。

使用"导航器"控制面板还可以放大显示图像。单击面板右侧的"放大"按钮，可逐级放大图像，如图1-53所示；在百分比数值框中输入数值后，按Enter键可以将图像放大，如图1-54所示。单击百分比数值框右侧的按钮，在弹出的下拉列表中可以选择缩放比例。

图1-53

图1-54

1.4.5 缩小显示图像

选择"视图 > 缩小"命令，每选择一次"缩小"命令，页面内的图像就会被缩小一级（也可连续按Ctrl+-组合键），效果如图1-55所示。

使用缩小工具可以缩小显示图像。选择缩放工具，在页面中鼠标光标会自动变为放大镜图标，按住Alt键，则页面中的图标变为缩小工具图标。按住Alt键不放，单击图像一次，图像缩小一级。

> **提示** 使用其他工具时，若想切换到缩小工具，按住Alt+Ctrl+Space（空格）组合键即可。

图1-55

使用状态栏也可缩小显示图像。在状态栏中的百分比数值框 100% 中直接输入需要缩小的百分比数值，按Enter键即可执行缩小操作。

使用"导航器"控制面板还可以缩小显示图像。单击面板左侧的"缩小"按钮，可逐级缩小图像。在百分比数值框中直接输入数值后，按Enter键即以缩小图像。单击百分比数值框右侧的按钮，在弹出的下拉列表中可以选择缩放比例。

1.4.6 全屏显示图像

全屏显示图像可以更好地观察图像的完整效果。

单击工具箱下方的屏幕模式转换按钮，可以在4种模式之间相互转换，即正常屏幕模式、带有菜单栏的全屏模式、全屏模式和演示文稿模式。反复按F键，也可切换屏幕显示模式。

正常屏幕模式：如图1-56所示，这种屏幕显示模式包括菜单栏、标题栏、工具箱、工具属性栏、控制面板和状态栏。

图1-56

带有菜单栏的全屏模式：如图1-57所示，这种屏幕显示模式包括菜单栏、工具箱、工具属性栏和控制面板。

全屏模式：如图1-58所示，这种屏幕显示模式只显示页面。按Tab键，可以调出菜单栏、工具箱、工具属性栏和控制面板。

图1-57

演示文稿模式：页面作为演示文稿显示。按Shift+F组合键，可以切换至演示文稿模式，如图1-59所示。

图1-58

图1-59

1.4.7 窗口显示图像

当用户打开多个文件时，屏幕会出现多个图像文件窗口，这就需要对窗口进行布置和摆放。

同时打开多幅图像，效果如图1-60所示。选择"窗口 > 排列 > 全部在窗口中浮动"命令，图像都浮动排列在界面中，如图1-61所示。此时，可对图像进行层叠、平铺等操作。

图1-60

图1-61

选择"窗口 > 排列 > 平铺"命令，图像的排列效果如图1-62所示。选择"窗口 > 排列 > 层叠"命令，图像的排列效果如图1-63所示。选择"合并所有窗口"命令，可将所有图像再次合并到选项卡中。

图1-62

图1-63

1.4.8 观察放大图像

选择缩放工具 🔍，当页面中鼠标光标变为放大镜 🔍 图标后，放大图像，图像周围会出现滚动条。选择抓手工具 ✋，当图像上的鼠标光标变为手形 ✋ 图标时，按住鼠标在放大的图像中拖曳，可以观察图像的每个部分，如图1-64所示。直接用鼠标拖曳图像周围的水平或垂直滚动条，也可以观察图像的每个部分，如图1-65所示。

图1-64

图1-65

> **提示** 正在使用其他的工具进行操作时，按住Space（空格）键，可以将鼠标指针转换为手形 ✋ 图标。

1.5 标尺、参考线和网格

Illustrator 2020提供了标尺、参考线和网格等工具，用户利用这些工具可以对所绘制和编辑的图形图像进行精确定位，还可测量图形图像的准确尺寸。

1.5.1 标尺

选择"视图 > 标尺 > 显示标尺"命令（快捷键为Ctrl+R），显示出标尺，如图1-66所示。如果要隐藏标尺，选择"视图 > 标尺 > 隐藏标尺"命令（快捷键为Ctrl+R）即可。

图1-66

如果需要设置标尺的显示单位，选择"编辑 > 首选项 > 单位"命令，弹出"首选项"对话框，在"常规"选项的下拉列表中可以设置标尺的显示单位，如图1-67所示。

如果仅需要为当前文件设置标尺的显示单位，则选择"文件 > 文档设置"命令，弹出"文档设置"对话框，如图1-68所示，在"单位"选项的下拉列表中可以设置标尺的显示单位。用这种方法设置的标尺单位对以后新建立的文件标尺单位不起作用。

在系统默认的状态下，标尺的坐标原点在工作页面的左下角。如果想要更改坐标原点的位置，按住水平标尺与垂直标尺的交点并将其拖曳到页面中，释放鼠标，即可将坐标原点设置在此处。如果想要恢复标尺原点的默认位置，双击水平标尺与垂直标尺的交点即可。

图1-67　　　　　　　　　　　　　　　　　　　图1-68

1.5.2　参考线

在水平或垂直标尺上向页面中拖曳即可添加参考线，也可以根据需要将图形或路径转换为参考线。

选中要转换的路径，如图1-69所示，选择"视图 > 参考线 > 建立参考线"命令（快捷键为Ctrl+5），即可将选中的路径转换为参考线，如图1-70所示。选择"视图 > 参考线 > 释放参考线"命令（快捷键为Alt+Ctrl+5），可以将选中的参考线转换为路径。

图1-69　　　　　　　　　　　　　　图1-70

技巧 按住Shift键在标尺上双击，创建的参考线会自动与标尺上最接近的刻度对齐。

选择"视图 > 参考线 > 隐藏参考线"命令（快捷键为Ctrl+;），可以将参考线隐藏。

选择"视图 > 参考线 > 锁定参考线"命令（快捷键为Alt+Ctrl+;），可以将参考线锁定。

选择"视图 > 参考线 > 清除参考线"命令，可以清除参考线。

选择"视图 > 智能参考线"命令（快捷键为Ctrl+U），可以显示智能参考线。当图形移动或旋转到一定角度时，智能参考线会高亮显示并给出提示信息。

1.5.3 网格

选择"视图 > 显示网格"命令即可显示出网格，如图1-71所示。选择"视图 > 隐藏网格"命令，可以隐藏网格。选择"编辑 > 首选项 > 参考线和网格"命令，弹出"首选项"对话框，可以设置网格的颜色、样式、间隔等属性，如图1-72所示。

图1-71

图1-72

"颜色"选项：用于设置网格的颜色。

"样式"选项：用于设置网格的样式，包括线和点。

"网格线间隔"选项：用于设置网格线的间距。

"次分隔线"选项：用于细分网格线的数量。

"网格置后"选项：用于设置网格线显示在图形的上方或下方。

"显示像素网格（放大600%以上）"选项：在"像素预览"模式下，当图形放大到600%以上时，查看像素网格。

第 2 章

图形的绘制与编辑

本章介绍

本章将讲解Illustrator 2020基本图形工具的使用方法，以及手绘图形工具及其修饰方法，并详细讲解对象的编辑方法。认真学习本章的内容，可以掌握Illustrator 2020的绘图功能及编辑对象的方法，为进一步学习Illustrator 2020打好基础。

学习目标

● 掌握绘制线段的方法。

● 熟练掌握基本图形的绘制技巧。

● 掌握手绘工具的使用方法。

● 熟练掌握对象的编辑技巧。

技能目标

● 掌握"校车"的绘制方法。

● 掌握"猫头鹰"的绘制方法。

2.1 线段的绘制

在平面设计中，直线和弧线是经常使用的线型。使用直线段工具 ／ 和弧形工具 ／ 可以创建任意的直线和弧线。对直线和弧线等组成的基本图形进行编辑和变形，可以得到更多复杂的图形对象。下面，详细介绍这些工具的使用方法。

2.1.1 绘制直线

1. 拖曳鼠标绘制直线

选择直线段工具 ／，在页面中需要的位置按住鼠标左键不放，拖曳鼠标到需要的位置，释放鼠标，即可绘制出一条任意角度的斜线，效果如图2-1所示。

选择直线段工具 ／，按住Shift键，在页面中需要的位置按住鼠标左键不放，拖曳鼠标到需要的位置，释放鼠标，即可绘制出水平、垂直或45°角及其倍数的直线，效果如图2-2所示。

选择直线段工具 ／，按住Alt键，在页面中需要的位置按住鼠标左键不放，拖曳鼠标到需要的位置，释放鼠标，即可绘制出以鼠标单击点为中心的直线（由单击点向两边扩展）。

选择直线段工具 ／，按住~键，在页面中需要的位置按住鼠标左键不放，拖曳鼠标到需要的位置，释放鼠标，即可绘制出多条直线（系统自动设置），效果如图2-3所示。

  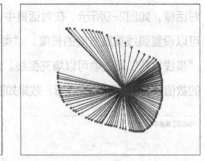

图2-1　　　　　　　　　　图2-2　　　　　　　　　　图2-3

2. 精确绘制线段

选择直线段工具 ／，在页面中需要的位置单击鼠标，或双击直线段工具 ／，都将弹出"直线段工具选项"对话框，如图2-4所示。在对话框中，"长度"选项可以设置线段的长度，"角度"选项可以设置线段的倾斜度，勾选"线段填色"复选框可以填充线段组成的图形。设置完成后，单击"确定"按钮，得到图2-5所示的线段。

图2-4

图2-5

2.1.2 绘制弧线

1. 拖曳鼠标绘制弧线

选择弧形工具 ，在页面中需要的位置按住鼠标左键不放，拖曳鼠标到需要的位置，释放鼠标，即可绘制出一段弧线，效果如图2-6所示。

选择弧形工具 ，按住Shift键，在页面中需要的位置按住鼠标左键不放，拖曳鼠标到需要的位置，释放鼠标，即可绘制出在水平和垂直方向上长度相等的弧线，效果如图2-7所示。

选择弧形工具 ，按住~键，在页面中需要的位置按住鼠标左键不放，拖曳鼠标到需要的位置，释放鼠标，即可绘制出多条弧线，效果如图2-8所示。

图2-6 图2-7 图2-8

2. 精确绘制弧线

选择弧形工具 ，在页面中需要的位置单击鼠标，或双击弧形工具 ，都将弹出"弧线段工具选项"对话框，如图2-9所示。在对话框中，"X轴长度"选项可以设置弧线水平方向的长度，"Y轴长度"选项可以设置弧线垂直方向的长度，"类型"选项可以设置弧线类型，"基线轴"选项可以选择坐标轴，勾选"弧线填色"复选项可以填充弧线。设置完成后，单击"确定"按钮，得到图2-10所示的弧形。输入不同的数值，会得到不同的弧形，效果如图2-11所示。

图2-9 图2-10 图2-11

2.1.3 绘制螺旋线

1. 拖曳鼠标绘制螺旋线

选择螺旋线工具 ，在页面中需要的位置按住鼠标左键不放，拖曳鼠标到需要的位置，释放鼠标，即可绘制出螺旋线，如图2-12所示。

选择螺旋线工具 ⊙，按住Shift键，在页面中需要的位置按住鼠标左键不放，拖曳鼠标到需要的位置，释放鼠标，即可绘制出螺旋线，绘制的螺旋线转动的角度将是强制角度（默认设置是45°）的整倍数。

选择螺旋线工具 ⊙，按住～键，在页面中需要的位置按住鼠标左键不放，拖曳鼠标到需要的位置，释放鼠标，即可绘制出多条螺旋线，效果如图2-13所示。

2. 精确绘制螺旋线

选择螺旋线工具 ⊙，在页面中需要的位置单击，弹出"螺旋线"对话框，如图2-14所示。在对话框中，"半径"选项可以设置螺旋线的半径，螺旋线的半径指的是从螺旋线的中心点到螺旋线终点之间的距离；"衰减"选项可以设置螺旋形内部线条之间的螺旋圈数；"段数"选项可以设置螺旋线的螺旋段数；"样式"单选项按钮用来设置螺旋线的旋转方向。设置完成后，单击"确定"按钮，得到图2-15所示的螺旋线。

图2-12

图2-13

图2-14

图2-15

2.1.4 绘制矩形网格

1. 拖曳鼠标绘制矩形网格

选择矩形网格工具 ▦，在页面中需要的位置按住鼠标左键不放，拖曳鼠标到需要的位置，释放鼠标，即可绘制出一个矩形网格，效果如图2-16所示。

选择矩形网格工具 ▦，按住Shift键，在页面中需要的位置按住鼠标左键不放，拖曳鼠标到需要的位置，释放鼠标，即可绘制出一个正方形网格，效果如图2-17所示。

选择"矩形网格"工具 ▦，按住～键，在页面中需要的位置按住鼠标左键不放，拖曳鼠标到需要的位置，释放鼠标，即可绘制出多个矩形网格，效果如图2-18所示。

图2-16

图2-17

图2-18

2. 精确绘制矩形网格

选择矩形网格工具▦，在页面中需要的位置单击，或双击矩形网格工具▦，都将弹出"矩形网格工具选项"对话框，如图2-19所示。在对话框的"默认大小"选项组中，"宽度"选项可以设置矩形网格的宽度，"高度"选项可以设置矩形网格的高度；在"水平分隔线"选项组中，"数量"选项可以设置矩形网格中水平网格线的数量，"倾斜（上方/下方）"选项可以设置水平网格的倾向；在"垂直分隔线"选项组中，"数量"选项可以设置矩形网格中垂直网格线的数量，"倾斜（左方/右方）"选项可以设置垂直网格的倾向。设置完成后，单击"确定"按钮，得到图2-20所示的矩形网格。

图2-19

图2-20

2.2 基本图形的绘制

矩形、圆形、多边形和星形是最简单、最基本，也是最重要的图形。在Illustrator 2020中，矩形工具、圆角矩形工具、椭圆工具、多边形工具和星形工具的使用方法比较类似。使用这些工具，可以很方便地在绘图页面上通过拖曳鼠标绘制出各种形状，还能够通过相应的设置框精确绘制图形。

2.2.1 课堂案例——绘制校车

案例学习目标 学习使用基本图形工具绘制校车。

案例知识要点 使用圆角矩形工具、星形工具、椭圆工具绘制图形，使用镜像工具制作图形对称效果，校车效果如图2-21所示。

效果所在位置 学习资源\Ch02\效果\绘制校车.ai。

图2-21

1. 绘制车身

01 按Ctrl+N组合键，弹出"新建文档"对话框，设置文档的宽度为297mm，高度为210mm，取向为横向，颜色模式为CMYK，单击"创建"按钮，新建一个文档。

02 选择圆角矩形工具，在页面中单击鼠标左键，弹出"圆角矩形"对话框，设置如图2-22所示，单击"确定"按钮，出现一个圆角矩形。选择选择工具，拖曳圆角矩形到适当的位置，设置图形的填充色（其C、M、Y、K的值分别为0、46、100、0），填充图形，并设置描边色为无，效果如图2-23所示。

图2-22　　　　　　　　　　图2-23

03 选择圆角矩形工具，在页面中单击鼠标左键，弹出"圆角矩形"对话框，设置如图2-24所示，单击"确定"按钮，出现一个圆角矩形。选择选择工具，拖曳圆角矩形到适当的位置，设置图形的填充色（其C、M、Y、K的值分别为0、58、100、0），填充图形，并设置描边色为无，效果如图2-25所示。

04 选择圆角矩形工具，在适当的位置拖曳鼠标再绘制一个圆角矩形，设置图形的填充色（其C、M、Y、K的值分别为41、3、16、0），填充图形，并设置描边色为无，效果如图2-26所示。选择选择工具，按住Alt+Shift组合键的同时，水平向右拖曳图形到适当的位置，复制图形，效果如图2-27所示。

图2-24　　　　　　图2-25　　　　　　图2-26　　　　　　图2-27

05 选择圆角矩形工具，在页面中单击鼠标左键，弹出"圆角矩形"对话框，设置如图2-28所示，单击"确定"按钮，出现一个圆角矩形。选择选择工具，拖曳圆角矩形到适当的位置，设置图形的填充色（其C、M、Y、K的值分别为0、30、100、0），填充图形，并设置描边色为无，效果如图2-29所示。

图2-28　　　　　　　　　　图2-29

06 选择星形工具 ⭐ ，在页面外单击鼠标左键，弹出"星形"对话框，设置如图2-30所示，单击"确定"按钮，出现一个五角星。选择选择工具 ▶ ，拖曳五角星到适当的位置，设置图形的填充色（其C、M、Y、K的值分别为0、58、100、0），填充图形，并设置描边色为无，效果如图2-31所示。

07 选择矩形工具 ▢ ，在适当的位置拖曳鼠标绘制一个矩形，填充图形为黑色，并设置描边色为无，效果如图2-32所示。

图2-30

图2-31

图2-32

08 选择椭圆工具 ⬭ ，按住Shift键的同时，在适当的位置绘制一个圆形，设置图形的填充色（其C、M、Y、K的值分别为0、100、100、0），填充图形，并设置描边色为无，效果如图2-33所示。

09 选择选择工具 ▶ ，按住Alt+Shift组合键的同时，水平向右拖曳圆形到适当的位置，复制图形；拖曳圆形右上角的控制手柄，等比例放大图形，效果如图2-34所示。

10 保持图形选取状态。设置图形的填充色（其C、M、Y、K的值分别为0、50、100、0），填充图形，效果如图2-35所示。按住Shift键的同时，依次单击矩形和圆形将其同时选取，如图2-36所示。

图2-33

图2-34

图2-35

图2-36

11 选择镜像工具 ◁▷ ，按住Alt键的同时，在五角星形中心单击，弹出"镜像"对话框，设置如图2-37所示，单击"复制"按钮，效果如图2-38所示。

图2-37

图2-38

12 选择选择工具▶，选取红色圆形，如图2-39所示，按住Alt键的同时，向右上方拖曳到适当的位置，复制图形，效果如图2-40所示。

图2-39　　　　　　　　　　　　　　　　　　　　　图2-40

13 选择圆角矩形工具▣，在页面中单击鼠标左键，弹出"圆角矩形"对话框，设置如图2-41所示，单击"确定"按钮，出现一个圆角矩形。选择"选择"工具▶，拖曳圆角矩形到适当的位置，设置描边色（其C、M、Y、K的值分别为0、0、0、70），填充描边，在属性栏中将"描边粗细"设置为3pt，按Enter键，效果如图2-42所示。

图2-41　　　　　　　　　　　　　　　　　　　　　图2-42

14 按Ctrl+Shift+ [组合键，将深灰色圆角矩形置于底层，效果如图2-43所示。选择椭圆工具◯，在适当的位置绘制一个椭圆形，设置图形的填充色（其C、M、Y、K的值分别为0、0、0、40），填充图形，并设置描边色为无，效果如图2-44所示。按Ctrl+Shift+ [组合键，将椭圆形置于底层，效果如图2-45所示。

图2-43　　　　　　　　　　图2-44　　　　　　　　　　图2-45

15 选择选择工具▶，按住Shift键的同时，单击选取圆角矩形及椭圆形，选择镜像工具◣，按住Alt键的同时，在适当的位置单击，弹出"镜像"对话框，设置如图2-46所示，单击"复制"按钮，效果如图2-47所示。

图2-46　　　　　　　　　　　　　　　　　　　　　图2-47

2. 绘制引擎盖、车轮

01 选择矩形工具 ▢，在适当的位置拖曳鼠标绘制一个矩形，设置填充色（其C、M、Y、K的值分别为0、30、100、0），填充图形，并设置描边色为无，效果如图2-48所示。

02 选择钢笔工具 ✎，在矩形左边中间位置单击鼠标左键，添加一个锚点，如图2-49所示。选择直接选择工具 ▷，向左上方拖曳锚点到适当的位置，效果如图2-50所示。使用相同的方法添加其他锚点并制作出图2-51所示的效果。

图2-48　　　　　　　　图2-49　　　　　　　　图2-50　　　　　　　　图2-51

03 选择矩形工具 ▢，在适当的位置拖曳鼠标绘制一个矩形，设置填充色（其C、M、Y、K的值分别为0、30、100、0），填充图形，并设置描边色为无，效果如图2-52所示。

04 选择圆角矩形工具 ▢，在适当的位置拖曳鼠标绘制一个圆角矩形，填充图形为黑色，并设置描边色为无，效果如图2-53所示。

05 选择选择工具 ▶，按住Alt+Shift组合键的同时，垂直向下拖曳图形到适当的位置，复制图形，效果如图2-54所示。连续按Ctrl+D组合键，按需要再复制出多个图形，效果如图2-55所示。

图2-52　　　　　　　　图2-53　　　　　　　　图2-54　　　　　　　　图2-55

06 选择圆角矩形工具 ▢，在页面中单击鼠标左键，弹出"圆角矩形"对话框，设置如图2-56所示，单击"确定"按钮，出现一个圆角矩形。选择选择工具 ▶，拖曳圆角矩形到适当的位置，填充图形为白色，并设置描边色为无，效果如图2-57所示。

圆角矩形

宽度（W）：14 mm

高度（H）：5.8 mm

圆角半径（R）：0.4 mm

确定　　取消

图2-56　　　　　　　　图2-57

07 选择圆角矩形工具 ▢，在适当的位置拖曳鼠标再绘制一个圆角矩形，设置图形的填充色（其C、M、Y、K的值分别为0、80、95、0），填充图形，并设置描边色为无，效果如图2-58所示。

08 选择选择工具 ▶，按住Alt+Shift组合键的同时，水平向右拖曳图形到适当的位置，复制图形，设置图形的填充色（其C、M、Y、K的值分别为0、35、85、0），填充图形，效果如图2-59所示。

09 选择选择工具▶，向右拖曳图形右边中间的控制手柄到适当的位置，调整图形的大小，效果如图2-60所示。选择椭圆工具◯，按住Shift键的同时，在适当的位置绘制一个圆形，设置图形的填充色（其C、M、Y、K的值分别为0、58、100、0），填充图形，并设置描边色为无，效果如图2-61所示。

图2-58

图2-59

图2-60

图2-61

10 选择选择工具▶，按住Alt键的同时，分别向右拖曳圆形到适当的位置，复制图形，效果如图2-62所示。选取需要的圆形，设置图形的填充颜色（其C、M、Y、K的值分别为0、100、100、0），填充图形，效果如图2-63所示。

图2-62

图2-63

11 选择选择工具▶，按住Shift键的同时，依次单击圆角矩形和圆形将其同时选取。选择镜像工具▷◁，按住Alt键的同时，在适当的位置单击，弹出"镜像"对话框，设置如图2-64所示，单击"复制"按钮，效果如图2-65所示。

图2-64

图2-65

12 选择椭圆工具◯，按住Shift键的同时，在适当的位置绘制一个圆形，填充图形为黑色，并设置描边色为无，效果如图2-66所示。选择选择工具▶，按住Alt+Shift组合键的同时，水平向右拖曳图形到适当的位置，复制图形，效果如图2-67所示。

13 选择圆角矩形工具◯，在页面中单击鼠标左键，弹出"圆角矩形"对话框，设置如图2-68所示，单击"确定"按钮，出现一个圆角矩形。选择选择工具▶，拖曳圆角矩形到适当的位置，设置图形的填充色（其C、M、Y、K的值分别为71、69、52、64），填充图形，并设置描边色为无，效果如图2-69所示。

图2-66

图2-67

图2-68

图2-69

14 选择矩形工具▣，在适当的位置拖曳鼠标绘制一个矩形，填充图形为白色，并设置描边色为无，效果如图2-70所示。校车绘制完成，效果如图2-71所示。

图2-70

图2-71

2.2.2 矩形和圆角矩形的绘制

1. 使用鼠标绘制矩形

选择矩形工具▣，在页面中需要的位置按住鼠标左键不放，拖曳鼠标到需要的位置，释放鼠标，即可绘制出一个矩形，效果如图2-72所示。

选择矩形工具▣，按住Shift键，在页面中需要的位置按住鼠标左键不放，拖曳鼠标到需要的位置，释放鼠标，即可绘制出一个正方形，效果如图2-73所示。

选择矩形工具▣，按住～键，在页面中需要的位置按住鼠标左键不放，拖曳鼠标到需要的位置，释放鼠标，即可绘制出多个矩形，效果如图2-74所示。

图2-72

图2-73

图2-74

> **提示** 选择矩形工具▣，按住Alt键，在页面中需要的位置按住鼠标左键不放，拖曳鼠标到需要的位置，释放鼠标，可以绘制一个以鼠标单击点为中心的矩形。
>
> 选择矩形工具▣，按住Alt+Shift组合键，在页面中需要的位置按住鼠标左键不放，拖曳鼠标到需要的位置，释放鼠标，可以绘制一个以鼠标单击点为中心的正方形。
>
> 选择矩形工具▣，在页面中需要的位置按住鼠标左键不放，拖曳鼠标到需要的位置，再按住Space键，可以暂停绘制而在页面上任意移动未绘制完成的矩形，释放Space键后可继续绘制矩形。
>
> 上述方法在圆角矩形工具▣、椭圆工具◉、多边形工具◉、星形工具☆中同样适用。

2. 精确绘制矩形

选择矩形工具▣，在页面中需要的位置单击，弹出"矩形"对话框，如图2-75所示。在对话框中，

"宽度"选项可以设置矩形的宽度，"高度"选项可以设置矩形的高度。设置完成后，单击"确定"按钮，得到图2-76所示的矩形。

图2-75

图2-76

3. 使用鼠标绘制圆角矩形

选择圆角矩形工具，在页面中需要的位置按住鼠标左键不放，拖曳鼠标到需要的位置，释放鼠标，即可绘制出一个圆角矩形，效果如图2-77所示。

选择圆角矩形工具，按住Shift键，在页面中需要的位置按住鼠标左键不放，拖曳鼠标到需要的位置，释放鼠标，可以绘制一个宽度和高度相等的圆角矩形，效果如图2-78所示。

选择圆角矩形工具，按住～键，在页面中需要的位置按住鼠标左键不放，拖曳鼠标到需要的位置，释放鼠标，即可绘制出多个圆角矩形，效果如图2-79所示。

图2-77　　　　　　　　　图2-78　　　　　　　　　图2-79

4. 精确绘制圆角矩形

选择圆角矩形工具，在页面中需要的位置单击，弹出"圆角矩形"对话框，如图2-80所示。在对话框中，"宽度"选项可以设置圆角矩形的宽度，"高度"选项可以设置圆角矩形的高度，"圆角半径"选项可以控制圆角矩形中圆角半径的长度。设置完成后，单击"确定"按钮，得到图2-81所示的圆角矩形。

图2-80

图2-81

5. 使用"变换"控制面板制作实时转角

选择选择工具，选取绘制好的矩形。选择"窗口 > 变换"命令（快捷键为Shift+F8），弹出"变换"控制面板，如图2-82所示。

在"矩形属性"选项组中，"边角类型"按钮 可以设置边角的转角类型，包括"圆角""反向圆角"和"倒角"；"圆角半径"选项 可以输入圆角半径值；单击 按钮可以链接圆角半径，同时设置圆角半径值；单击 按钮可以取消圆角半径的链接，分别设置圆角半径值。

单击 按钮，其他设置如图2-83所示，按Enter键，得到图2-84所示的效果。单击 按钮，其他设置如图2-85所示，按Enter键，得到图2-86所示的效果。

图2-82　　　　　　　　　　　图2-83　　　　　　　图2-84　　　　　　　图2-85　　　　　　　图2-86

6. 直接拖曳制作实时转角

选择选择工具 ，选取绘制好的矩形。上、下、左、右4个边角构件处于可编辑状态，如图2-87所示，向内拖曳其中任意一个边角构件，如图2-88所示，可对矩形边角进行变形，松开鼠标，如图2-89所示。

图2-87　　　　　　　　　　图2-88　　　　　　　　　　图2-89

提示　选择"视图 > 隐藏边角构件"命令，可以将边角构件隐藏。选择"视图 > 显示边角构件"命令，可以显示出边角构件。

当鼠标光标移动到任意一个实心边角构件上时，光标变为 ，如图2-90所示；单击鼠标将实心边角构件变为空心边角构件，光标变为 ，如图2-91所示；拖曳使选取的边角单独变形，如图2-92所示。

图2-90　　　　　　　　　　图2-91　　　　　　　　　　图2-92

按住Alt键的同时，单击任意一个边角构件，或在拖曳边角构件的同时，按↑键或↓键，可在3种边角中交替转换，如图2-93所示。

按住Ctrl键的同时，双击其中一个边角构件，弹出"边角"对话框，如图2-94所示，可以设置边角样式、边角半径和圆角类型。

图2-93

图2-94

提示 将边角构件拖曳至最大值时，圆角预览呈红色显示，为不可编辑状态。

2.2.3 椭圆形和圆形的绘制

1. 使用鼠标绘制椭圆形

选择椭圆工具◎，在页面中需要的位置按住鼠标左键不放，拖曳鼠标到需要的位置，释放鼠标，即可绘制出一个椭圆形，效果如图2-95所示。

选择椭圆工具◎，按住Shift键，在页面中需要的位置按住鼠标左键不放，拖曳鼠标到需要的位置，释放鼠标，即可绘制出一个圆形，效果如图2-96所示。

选择椭圆工具◎，按住~键，在页面中需要的位置按住鼠标左键不放，拖曳鼠标到需要的位置，释放鼠标，可以绘制出多个椭圆形，效果如图2-97所示。

图2-95

图2-96

图2-97

2. 精确绘制椭圆形

选择椭圆工具◎，在页面中需要的位置单击，弹出"椭圆"对话框，如图2-98所示。在对话框中，"宽度"选项可以设置椭圆形的宽度，"高度"选项可以设置椭圆形的高度。设置完成后，单击"确定"按钮，得到图2-99所示的椭圆形。

图2-98

图2-99

3. 使用"变换"控制面板制作饼图

选择选择工具▶，选取绘制好的椭圆形。选择"窗口 > 变换"命令（快捷键为Shift+F8），弹出"变换"控制面板，如图2-100所示。在"椭圆属性"选项组中，"饼图起点角度"选项 0° 可以设置饼图的起点角度； "饼图终点角度"选项 0° 可以设置饼图的终点角度；单击 按钮可以链接饼图的起点角度和终点角度，进行同时设置；单击 按钮，可以取消链接饼图的起点角度和终点角度，进行分别设置； "反转饼图"按钮 ，单击此按钮，可以互换饼图起点角度和饼图终点角度。

将 "饼图起点角度"选项 0° 设置为45°，效果如图2-101所示；将此选项设置为180°，效果如图2-102所示。

图2-100   图2-101   图2-102

将 "饼图终点角度"选项 0° 设置为45°，效果如图2-103所示；将此选项设置为180°，效果如图2-104所示。

将 "饼图起点角度"选项 0° 设置为60°， "饼图终点角度"选项 0° 设置为30°，效果如图2-105所示。单击 "反转饼图"按钮 ，将饼图的起点角度和终点角度互换，效果如图2-106所示。

图2-103   图2-104   图2-105   图2-106

4. 直接拖曳制作饼图

选择选择工具 ，选取绘制好的椭圆形。将鼠标光标放置在饼图构件上，光标变为 ，如图2-107所示。向上拖曳饼图构件，可以改变饼图起点角度，如图2-108所示；向下拖曳饼图构件，可以改变饼图终点角度，如图2-109所示。

图2-107   图2-108   图2-109

5. 使用直接选择工具调整饼图转角

选择直接选择工具▷，选取绘制好的饼图，边角构件处于可编辑状态，如图2-110所示，向内拖曳其中任意一个边角构件，如图2-111所示，可以对饼图边角进行变形，松开鼠标，效果如图2-112所示。

图2-110

图2-111

图2-112

当鼠标光标移动到任意一个实心边角构件上时，光标变为▷，如图2-113所示；单击鼠标左键将实心边角构件变为空心边角构件，光标变为▷，如图2-114所示；拖曳使选取的饼图边角单独进行变形，松开鼠标后，效果如图2-115所示。

图2-113

图2-114

图2-115

按住Alt键的同时，单击任意一个边角构件，或在拖曳边角构件的同时，按↑键或↓键，可在3种边角中交替转换，如图2-116所示。

图2-116

> **提示**　双击任意一个边角构件，弹出"边角"对话框，可以设置边角样式、边角半径和圆角类型。

2.2.4 多边形的绘制

1. 使用鼠标绘制多边形

选择多边形工具◎，在页面中需要的位置按住鼠标左键不放，拖曳鼠标到需要的位置，释放鼠标，即可绘制出一个任意角度的正多边形，效果如图2-117所示。

选择多边形工具◎，按住Shift键，在页面中需要的位置按住鼠标左键不放，拖曳鼠标到需要的位置，释放鼠标，即可绘制出一个无角度的正多边形，效果如图2-118所示。

选择多边形工具 ，按住 ~ 键，在页面中需要的位置按住鼠标左键不放，拖曳鼠标到需要的位置，释放鼠标，即可绘制出多个多边形，效果如图 2-119 所示。

| 图2-117 | 图2-118 | 图2-119 |

2. 精确绘制多边形

选择多边形工具 ⬡，在页面中需要的位置单击，弹出"多边形"对话框，如图 2-120 所示。在对话框中，"半径"选项可以设置多边形的半径，半径指的是从多边形中心点到多边形顶点的距离，而中心点一般为多边形的重心；"边数"选项可以设置多边形的边数。设置完成后，单击"确定"按钮，得到图 2-121 所示的多边形。

图2-120　　　　　　　　　　图2-121

3. 直接拖曳增加或减少多边形边数

选择选择工具 ▶，选取绘制好的多边形，将鼠标光标放置在多边形构件 ◇ 上，光标变为 ⁺/₋，如图 2-122 所示。向上拖曳多边形构件，可以减少多边形的边数，如图 2-123 所示；向下拖曳多边形构件，可以增加多边形的边数，如图 2-124 所示。

图2-122　　　　　　　　　图2-123　　　　　　　　　图2-124

提示　多边形的"边数"取值范围为 3~11，最少边数为 3，最多边数为 11。

4. 使用"变换"控制面板制作实时转角

选择选择工具 ▶，选取绘制好的正六边形，选择"窗口 > 变换"命令（快捷键为 Shift+F8），弹出"变换"控制面板，如图 2-125 所示。在"多边形属性"选项组中，"多边形边数计算"选项 可以设置多边形的边数；"边角类型"选项 可以选取任意角的转角类型；"圆角半径"选项 可以设置多边形各个圆角的半径；"多边形半径"选项 可以设置多边形的半径；"多边形边长度"选项 可以设置多边形每一边的长度。

"多边形边数计算"选项的取值范围为3~20，数值为3时，效果如图2-126所示；数值为20时，效果如图2-127所示。

图2-125　　　　　　　　　　　　　　　　　图2-126　　　　　　　　　图2-127

"边角类型"选项，包括"圆角""反向圆角"和"倒角"，效果分别如图2-128所示。

圆角　　　　　　　　　　反向圆角　　　　　　　　　倒角

图2-128

2.2.5　星形的绘制

1. 使用鼠标绘制星形

选择星形工具，在页面中需要的位置按住鼠标左键不放，拖曳鼠标到需要的位置，释放鼠标，即可绘制出一个任意角度的正星形，效果如图2-129所示。

选择星形工具，按住Shift键，在页面中需要的位置按住鼠标左键不放，拖曳鼠标到需要的位置，释放鼠标，即可绘制出一个无角度的正星形，效果如图2-130所示。

选择星形工具，按住~键，在页面中需要的位置按住鼠标左键不放，拖曳鼠标到需要的位置，释放鼠标，即可绘制出多个星形，效果如图2-131所示。

图2-129　　　　　　　　　　图2-130　　　　　　　　　图2-131

2. 精确绘制星形

选择星形工具 ，在页面中需要的位置单击，弹出"星形"对话框，如图2-132所示。在对话框中，"半径1"选项可以设置从星形中心点到各外部角的顶点的距离，"半径2"选项可以设置从星形中心点到各内部角的端点的距离，"角点数"选项可以设置星形中的边角数量。设置完成后，单击"确定"按钮，得到图2-133所示的星形。

图2-132

图2-133

> **提示** 使用"直接选择"工具调整多边形和星形的实时转角与使用"椭圆"工具的方法相同，这里不赘述。

2.3 手绘图形

Illustrator 2020提供了铅笔工具和画笔工具，供用户绘制种类繁多的图形和路径，还提供了平滑工具和路径橡皮擦工具供用户修饰绘制的图形和路径。

2.3.1 画笔工具

使用画笔工具 ☑ 可以绘制出样式繁多的线条和图形，还可以通过选择不同的刷头实现不同的绘制效果。利用不同的画笔样式可以绘制出风格迥异的图像。

选择画笔工具 ☑，然后选择"窗口 > 画笔"命令，弹出"画笔"控制面板，如图2-134所示。在控制面板中选择任意一种画笔样式，在页面中需要的位置按住鼠标左键不放，向右拖曳鼠标进行线条的绘制，释放鼠标，线条绘制完成，如图2-135所示。

图2-134

图2-135

选取绘制的线条，如图2-136所示，选择"窗口 > 描边"命令，弹出"描边"控制面板，在控制面板中的"粗细"选项中选择或设置需要的描边大小，如图2-137所示，线条的效果如图2-138所示。

双击画笔工具 ☑，弹出"画笔工具选项"对话框，如图2-139所示。在对话框的"保真度"选项组中，"精确"选项可以调节绘制曲线上点的精确度，"平滑"选项可以调节绘制曲线的平滑度。在"选项"选项组中，若勾选"填充新画笔描边"复选项，则每次使用画笔工具绘制图形时，系统都会自动以默认颜色来填充对象；勾选"保持选定"复选项，绘制的曲线处于被选取状态；勾选"编辑所选路径"复选项，画笔工具可以对选中的路径进行编辑。

　　　　图2-136　　　　　　　　　图2-137　　　　　　　　　　图2-138　　　　　　　　　　图2-139

2.3.2　"画笔"控制面板

　　选择"窗口 > 画笔"命令，弹出"画笔"控制面板。下面详细讲解"画笔"控制面板。

1. 画笔类型

　　Illustrator 2020包括5种类型的画笔，即散点画笔、书法画笔、毛刷画笔、图案画笔、艺术画笔。

　　（1）散点画笔。

　　单击"画笔"控制面板右上角的图标 ≡，将弹出其下拉菜单，在系统默认状态下"显示 散点画笔"命令为灰色，选择"打开画笔库"命令，弹出子菜单，如图2-140所示。在弹出的菜单中选择任意一种散点画笔，弹出相应的控制面板，如图2-141所示。在控制面板中单击画笔，画笔就被加载到了"画笔"控制面板中，如图2-142所示。选择任意一种散点画笔，再选择画笔工具 ∕，在页面上连续单击或拖曳鼠标，就可以绘制出需要的图像，效果如图2-143所示。

　　　　图2-140　　　　　　　　　图2-141　　　　　　　　　　图2-142　　　　　　　　　　图2-143

　　（2）书法画笔。

　　系统默认状态下，书法画笔为显示状态，"画笔"控制面板的第一排即为书法画笔，如图2-144所示。选择任意一种书法画笔，选择画笔工具 ∕，在页面中需要的位置按住鼠标左键不放，拖曳鼠标进行线条的绘制，释放鼠标，线条绘制完成，效果如图2-145所示。

（3）毛刷画笔。

系统默认状态下，毛刷画笔为显示状态，"画笔"控制面板的第3排为毛刷画笔，如图2-146所示。选择画笔工具 ✐ ，在页面中需要的位置按住鼠标左键不放，拖曳鼠标进行线条的绘制，释放鼠标，线条绘制完成，效果如图2-147所示。

图2-144

图2-145

图2-146

图2-147

（4）图案画笔。

单击"画笔"控制面板右上角的图标 ☰ ，将弹出其下拉菜单，系统默认状态下"显示 图案画笔"命令为灰色，选择"打开画笔库"命令，在弹出的菜单中选择任意一种图案画笔，弹出相应的控制面板，如图2-148所示。在控制面板中单击画笔，画笔即被加载到了"画笔"控制面板中，如图2-149所示。选择任意一种图案画笔，再选择画笔工具 ✐ ，在页面上连续单击或拖曳鼠标，就可以绘制出需要的图像，效果如图2-150所示。

图2-148

图2-149

图2-150

（5）艺术画笔。

系统默认状态下，艺术画笔为显示状态，"画笔"控制面板的最后一排为艺术画笔，如图2-151所示。选择任意一种艺术画笔，选择画笔工具 ✐ ，在页面中需要的位置按住鼠标左键不放，拖曳鼠标进行线条的绘制，释放鼠标，线条绘制完成，效果如图2-152所示。

图2-151

图2-152

2．更改画笔类型

选中想要更改画笔类型，如图2-153所示，在"画笔"控制面板中单击需要的画笔样式，如图2-154所示，更改画笔类型后的图像效果如图2-155所示。

图2-153　　　　　　　　　图2-154　　　　　　　　　图2-155

3．"画笔"控制面板的按钮

"画笔"控制面板下面有4个按钮。从左到右依次是"移去画笔描边"按钮 ✕ 、"所选对象的选项"按钮 ⊡ 、"新建画笔"按钮 ⬐ 和"删除画笔"按钮 ⊜ 。

"移去画笔描边"按钮 ✕ ：可以将当前被选中的图形上的描边删除，而留下原始路径。

"所选对象的选项"按钮 ⊡ ：可以打开应用到被选中图形上的画笔的选项对话框，在对话框中可以编辑画笔。

"新建画笔"按钮 ⬐ ：可以创建新的画笔。

"删除画笔"按钮 ⊜ ：可以删除选定的画笔样式。

4．自定义画笔

Illustrator 2020除了可以利用系统预设的画笔类型和编辑已有的画笔外，还可以使用自定义的画笔。不同类型的画笔，定义的方法类似。如果新建散点画笔，那么作为散点画笔的图形对象中就不能包含图案、渐变填充等属性；如果新建书法画笔和艺术画笔，就不需要事先制作好图案，在其相应的画笔选项对话框中进行设置就可以了。

选中想要制作成为画笔的对象，如图2-156所示。单击"画笔"控制面板下面的"新建画笔"按钮 ⬐ ，或选择控制面板右上角的按钮 ☰ ，在弹出式菜单中选择"新建画笔"命令，弹出"新建画笔"对话框，选择"散点画笔"单选项，如图2-157所示。

图2-156　　　　　　　　　图2-157

单击"确定"按钮，弹出"散点画笔选项"对话框，如图2-158所示，单击"确定"按钮，制作的画笔将自动添加到"画笔"控制面板中，如图2-159所示。选择新定义的画笔可以在绘图页面中绘制图形，效果如图2-160所示。

图2-158

图2-159

图2-160

2.3.3 铅笔工具

使用铅笔工具 ✐ 可以随意绘制出自由的曲线路径，在绘制过程中Illustrator 2020会自动依据鼠标指针的轨迹来设定节点并生成路径。铅笔工具既可以绘制闭合路径，也可以绘制开放路径，还可以将已经存在的曲线的节点作为起点，延伸绘制出新的曲线，从而达到修改曲线的目的。

选择铅笔工具 ✐，在页面中需要的位置按住鼠标左键不放，拖曳鼠标到需要的位置，可以绘制一条路径，如图2-161所示。释放鼠标，效果如图2-162所示。

选择铅笔工具 ✐，在页面中需要的位置按住鼠标左键不放，拖曳鼠标到需要的位置，如图2-163所示，按住Alt键，将光标放到起点上，再释放鼠标，可以以直线段闭合路径，效果如图2-164所示。

图2-161

图2-162

图2-163

图2-164

绘制一个闭合的图形并选中这个图形，再选择铅笔工具 ✐，在闭合图形上的两个锚点之间拖曳，如图2-165所示，可以修改图形的形状，释放鼠标，得到的图形效果如图2-166所示。

双击铅笔工具 ✐，弹出"铅笔工具选项"对话框，如图2-167所示。在对话框的"保真度"选项组中，"精确"选项可以调节绘制曲线上的点的精确度，"平滑"选项可以调节绘制曲线的平滑度。在"选项"选项组中，勾选"填充新铅笔描边"复选项，如果当前设置了填充颜色，那么绘制出的路径将使用该颜色；勾选"保持选定"复选项，绘制的曲线处于被选取状态；勾选"Alt键切换到平滑工具"复选项，可以在按住Alt键的同时，将铅笔工具切换为平滑工具；勾选"当终端在此范围内时闭合路径"复选项，可以在设置的预定义像素数内自动闭合绘制的路径；勾选"编辑所选路径"复选项，铅笔工具可以对选中的路径进行编辑。

图2-165　　　　　　　　　图2-166　　　　　　　　　图2-167

2.3.4 平滑工具

使用平滑工具 🖊 可以将尖锐的曲线变得较为光滑。

绘制曲线并选中绘制的曲线，选择平滑工具 🖊，将鼠标光标移到需要平滑的路径旁，按住鼠标左键不放并在路径上拖曳，如图2-168所示，路径平滑后的效果如图2-169所示。

双击平滑工具 🖊，弹出"平滑工具选项"对话框，如图2-170所示。在"保真度"选项组中，"精确"选项可以调节处理曲线上点的精确度，"平滑"选项可以调节处理曲线的平滑度。

图2-168　　　　　　　　　图2-169　　　　　　　　　图2-170

2.3.5 路径橡皮擦工具

使用路径橡皮擦工具 🖊 可以擦除已有路径的全部或者一部分，注意路径橡皮擦工具 🖊 不能应用于文本对象和包含渐变网格的对象。

选中想要擦除的路径，选择路径橡皮擦工具 🖊，将鼠标光标移到需要清除的路径旁，按住鼠标左键不放并在路径上拖曳，如图2-171所示，擦除路径后的效果如图2-172所示。

图2-171　　　　　　图2-172

2.4 对象的编辑

Illustrator 2020提供了强大的对象编辑功能，这一节讲解编辑对象的方法，其中包括对象的多种选取方式，对象的比例缩放、移动、镜像、旋转、倾斜、撤销和恢复，以及使用"路径查找器"控制面板编辑对象等。

2.4.1 课堂案例——绘制猫头鹰

案例学习目标 学习使用绘图工具、路径查找器控制面板绘制猫头鹰。

案例知识要点 使用椭圆工具、多边形工具、镜像工具和路径查找器控制面板制作头部、耳朵和身体部分；使用多边形工具、添加锚点工具和直接选择工具绘制鼻子；使用椭圆工具、旋转工具和路径查找器控制面板制作翅膀；使用矩形工具、直接选择工具绘制脚；猫头鹰效果如图2-173所示。

效果所在位置 学习资源\Ch02\效果\绘制猫头鹰.ai。

图2-173

1. 绘制头部

01 按Ctrl+N组合键，弹出"新建文档"对话框，设置文档的宽度为800px，高度为600px，取向为横向，颜色模式为RGB，单击"创建"按钮，新建一个文档。

02 选择"文件 > 置入"命令，弹出"置入"对话框，选择学习资源中的"Ch02\素材\绘制猫头鹰\01"文件，单击"置入"按钮，在页面中单击置入图片，单击属性栏中的"嵌入"按钮，嵌入图片。选择"选择"工具▶，拖曳线稿图片到适当的位置，效果如图2-174所示。按Ctrl+2组合键，锁定所选对象。

03 选择椭圆工具◯，沿线稿图中的猫头鹰头部外轮廓绘制一个椭圆形，效果如图2-175所示。

图2-174

图2-175

04 选择多边形工具◯，在页面中单击鼠标左键，弹出"多边形"对话框，设置如图2-176所示，单击"确定"按钮，出现一个三角形。选择选择工具▶，拖曳三角形到适当的位置，效果如图2-177所示。向左拖曳三角形右侧中间的控制手柄到适当的位置，调整其大小，效果如图2-178所示。

图2-176　　　　　　　　图2-177　　　　　　　　图2-178

05 拖曳右上角的控制手柄将其旋转到适当的角度，效果如图2-179所示。双击镜像工具，弹出"镜像"对话框，设置如图2-180所示；单击"复制"按钮，镜像并复制图形，如图2-181所示。

图2-179　　　　　　　　图2-180　　　　　　　　图2-181

06 选择选择工具，按住Shift键的同时，水平向右拖曳复制的图形到适当的位置，效果如图2-182所示。用框选的方法将所绘制的图形同时选取，如图2-183所示。选择"窗口 > 路径查找器"命令，弹出"路径查找器"控制面板，单击"联集"按钮，如图2-184所示，生成新的对象，效果如图2-185所示。

图2-182　　　　　图2-183　　　　　图2-184　　　　　图2-185

07 选择椭圆工具，按住Shift键的同时，在适当的位置绘制一个圆形，效果如图2-186所示。选择选择工具，按住Alt+Shift组合键的同时，水平向右拖曳圆形到适当的位置，复制圆形，效果如图2-187所示。

图2-186　　　　　　　　图2-187

08 选择椭圆工具 ◎ ，在适当的位置绘制一个椭圆形，效果如图2-188所示。选择选择工具 ▶ ，依次单击上方两个圆形将其同时选取，如图2-189所示。单击"路径查找器"控制面板中的"联集"按钮 ◙ ，生成新的对象，效果如图2-190所示。

图2-188   图2-189   图2-190

09 选择椭圆工具 ◎ ，按住Shift键的同时，在适当的位置绘制一个圆形，效果如图2-191所示。按Ctrl+C组合键，复制图形，按Ctrl+F组合键，将复制的圆形粘贴在前面。选择选择工具 ▶ ，按住Shift键的同时，向内拖曳圆形右上角控制手柄到适当的位置，调整其大小，效果如图2-192所示。用相同的方法再复制两个圆形（这里先复制小圆形，再复制大圆形），并调整其大小，效果如图2-193所示。

图2-191   图2-192   图2-193

10 选择选择工具 ▶ ，依次单击选取两个圆形，如图2-194所示。单击"路径查找器"控制面板中的"减去顶层"按钮 ◘ ，如图2-195所示，生成新的对象，效果如图2-196所示。

图2-194   图2-195   图2-196

11 选择选择工具 ▶ ，用框选的方法将所绘制的图形同时选取，按住Alt+Shift组合键的同时，水平向右拖曳图形到适当的位置，复制图形，效果如图2-197所示。选择多边形工具 ◎ ，在适当的位置拖曳鼠标绘制一个三角形，效果如图2-198所示。

图2-197

图2-198

12 选择选择工具▶，向右拖曳三角形右侧中间的控制手柄到适当的位置，调整其大小，效果如图2-199所示。选择添加锚点工具，在三角形下边中间位置单击鼠标左键，添加一个锚点，如图2-200所示。选择直接选择工具，向下拖曳添加的锚点到适当的位置，效果如图2-201所示。

图2-199

图2-200

图2-201

13 选择椭圆工具，按住Shift
键的同时，在适当的位置分别绘
制3个圆形，效果如图2-202所
示。选择选择工具▶，用框选的
方法将绘制的圆形同时选取，如
图2-203所示。

图2-202

图2-203

14 双击镜像工具，弹出"镜像"对话框，设置如图2-204所示；单击"复制"按钮，镜像并复制图形，如图2-205所示。选择选择工具▶，按住Shift键的同时，水平向右拖曳复制的图形到适当的位置，效果如图2-206所示。

图2-204

图2-205

图2-206

2. 绘制翅膀和脚等

01 选择椭圆工具 ◯，在页面外单击鼠标左键，弹出"椭圆"对话框，设置如图2-207所示，单击"确定"按钮，绘制一个椭圆形，效果如图2-208所示。

02 选择旋转工具 ◯，按住Alt键的同时，在椭圆形顶部单击，如图2-209所示，弹出"旋转"对话框，设置如图2-210所示，单击"复制"按钮，效果如图2-211所示。

| 图2-207 | 图2-208 | 图2-209 | 图2-210 | 图2-211 |

03 连续按Ctrl+D组合键，复制出多个椭圆形，效果如图2-212所示。选择选择工具 ▶，按住Shift键的同时，依次单击不需要的椭圆形将其同时选取，如图2-213所示，按Delete键删除，效果如图2-214所示。

04 选择选择工具 ▶，用框选的方法将余下的图形同时选取，如图2-215所示。单击"路径查找器"控制面板中的"联集"按钮 ◼，生成新的对象，效果如图2-216所示。拖曳图形到页面中适当的位置，调整其大小和角度，效果如图2-217所示。

| 图2-212 | 图2-213 | 图2-214 | 图2-215 | 图2-216 | 图2-217 |

05 双击镜像工具 ◁, 弹出"镜像"对话框，设置如图2-218所示；单击"复制"按钮，镜像并复制图形，如图2-219所示。选择选择工具 ▶，按住Shift键的同时，水平向右拖曳复制的图形到适当的位置，效果如图2-220所示。

| 图2-218 | 图2-219 | 图2-220 |

06 选择椭圆工具 ，在适当的位置绘制一个椭圆形，效果如图2-221所示。选择选择工具 ▶，选取下方需要的图形，按Ctrl+C组合键，复制图形，按Ctrl+F组合键，将复制的图形粘贴在前面，如图2-222所示。按住Shift键的同时，单击下方椭圆形将其同时选取，如图2-223所示。

07 单击"路径查找器"控制面板中的"交集"按钮 ⬛，如图2-224所示，生成新的对象，效果如图2-225所示。

图2-221

图2-222

图2-223

图2-224

图2-225

08 选择椭圆工具 ◯，按住Shift键的同时，在适当的位置绘制一个圆形，效果如图2-226所示。按住Alt+Shift组合键的同时，垂直向上拖曳圆形到适当的位置，复制圆形，效果如图2-227所示。

09 选择选择工具 ▶，按住Shift键的同时，单击下方圆形将两个圆形同时选取，如图2-228所示。单击"路径查找器"控制面板的"减去顶层"按钮 ⬛，生成新的对象，效果如图2-229所示。

图2-226

图2-227

图2-228

图2-229

10 选择选择工具 ▶，按住Alt+Shift组合键的同时，水平向右拖曳图形到适当的位置，复制图形，效果如图2-230所示。用相同的方法分别复制其他图形，效果如图2-231所示。选择矩形工具 ▢，在适当的位置绘制一个矩形，如图2-232所示。

图2-230

图2-231

图2-232

11 选择直接选择工具 ，选取左上角的锚点，并向左拖曳锚点到适当的位置，效果如图2-233所示。用相同的方法调整右上角的锚点，效果如图2-234所示。

图2-233

图2-234

12 选择直接选择工具 ，按住Shift键的同时，依次单击其他锚点将其同时选取，如图2-235所示。向内拖曳左上角的边角构件至最大角，如图2-236所示，松开鼠标后，效果如图2-237所示。

图2-235

图2-236

图2-237

13 选择选择工具 ，选取图形，按住Alt+Shift组合键的同时，水平向左拖曳图形到适当的位置，复制图形，效果如图2-238所示。用相同的方法向右再复制一个图形，效果如图2-239所示。

14 选择选择工具 ，按住Shift键的同时，依次单击需要的图形将其同时选取，如图2-240所示，按住Alt+Shift组合键的同时，水平向右拖曳图形到适当的位置，复制图形，效果如图2-241所示。

图2-238

图2-239

图2-240

图2-241

15 选择矩形工具 ，在适当的位置绘制一个矩形，如图2-242所示。设置填充色（其R、G、B的值分别为142、114、85），填充图形，并设置描边色为无，效果如图2-243所示。

16 连续按Ctrl+[组合键，将图形向后移至适当的位置，效果如图2-244所示。用相同方法分别为其他图形填充相应的颜色，并调整其顺序，效果如图2-245所示。

图2-242

图2-243

图2-244

图2-245

17 按Alt+Ctrl+2组合键，全部解锁对象，此时，线稿图处于被选中状态，如图2-246所示。按Delete键将线稿删除，效果如图2-247所示。猫头鹰绘制完成。

图2-246

图2-247

2.4.2 选取

Illustrator 2020提供了5种选择工具，包括选择工具 ▶、直接选择工具 ▷、编组选择工具 ▷、魔棒工具 ⚡ 和套索工具 ⊗。它们都位于工具箱的上方，如图2-248所示。

图2-248

选择工具 ▶：通过单击路径上的一点或一部分来选择整个路径。

直接选择工具 ▷：可以选择路径上独立的节点或线段，并显示出路径上的所有方向线以便于调整。

编组选择工具 ▷：可以单独选择组合对象中的个别对象。

魔棒工具 ⚡：可以选择具有相同笔画或填充属性的对象。

套索工具 ⊗：可以选择路径上独立的节点或线段，在直接选取套索工具拖动时，经过轨迹上的所有路径将被同时选中。

编辑一个对象之前，首先要选中这个对象。对象刚建立时一般呈选取状态，对象的周围出现矩形选框，矩形选框是由8个控制手柄组成的，对象的中心有一个 ■ 形的中心标记，对象矩形选框的示意如图2-249所示。

当选取多个对象时，可以多个对象共有1个矩形选框，多个对象的选取状态如图2-250所示。要取消对象的选取状态，在绘图页面上的其他位置单击即可。

图 2-249

图2-250

1. 使用选择工具选取对象

选择选择工具 ▶，当鼠标光标移动到对象或路径上时，光标变为 ▶，如图2-251所示；当鼠标光标移动到节点上时，光标变为 ▶，如图2-252所示；单击鼠标左键即可选取对象，光标变为 ▶，如图2-253所示。

图2-251

图2-252

图2-253

提示 按住Shift键，分别在要选取的对象上单击鼠标左键，即可连续选取多个对象。

选择选择工具▶，在绘图页面中要选取的对象外围拖曳鼠标，拖曳后会出现一个灰色的矩形选框，如图2-254所示。框选住整个对象后释放鼠标，这时，被框选的对象处于选取状态，如图2-255所示。

图2-254

图2-255

提示 用框选的方法可以同时选取一个或多个对象。

2. 使用直接选择工具选取对象

选择直接选择工具▷，用鼠标单击对象可以选取整个对象，如图2-256所示。在对象的某个锚点上单击，该锚点将被选中，如图2-257所示。选中该锚点并拖曳，将改变对象的形状，如图2-258所示。

图2-256

图2-257

图2-258

提示 在移动锚点时，按住Shift键，锚点可以沿着45°角的整数倍方向移动；按住Alt键，复制锚点，可以得到一段新路径。

3. 使用魔棒工具选取对象

双击魔棒工具✦，弹出"魔棒"控制面板，如图2-259所示。

勾选"填充颜色"复选框，填充相同颜色的对象可以同时被选中；勾选"描边颜色"复选框，填充相同描边色的对象可以同时被选中；勾选"描边粗细"复选框，填充相同笔画宽度的对象可以同时被选中；勾选"不透明度"复选框，相同透明度的对象可以同时被选中；勾选"混合模式"复选框，相同混合模式的对象可以同时被选中。

　　绘制3个图形，如图2-260所示，"魔棒"控制面板的设置如图2-261所示，选择魔棒工具 ⚡ ，单击左边的对象，填充相同颜色的对象都会被选取，如图2-262所示。

图2-259　　　　　　　图2-260　　　　　　　图2-261　　　　　　　图2-262

　　绘制3个图形，如图2-263所示，"魔棒"控制面板的设置如图2-264所示，选择"魔棒"工具 ⚡ ，单击左边的对象，填充相同描边颜色的对象都会被选取，如图2-265所示。

图2-263　　　　　　　　　　图2-264　　　　　　　　　　图2-265

4．使用套索工具选取对象

　　选择套索工具 🔗 ，在对象的外围按住鼠标左键，拖曳鼠标绘制一个套索圈，如图2-266所示，释放鼠标左键，对象被选取，如图2-267所示。

图2-266　　　　　　　　　图2-267

　　选择套索工具 🔗 ，在绘图页面中的对象外围按住鼠标左键，拖曳鼠标在对象上绘制出一条套索线，绘制的套索线必须经过对象，如图2-268所示。套索线经过的对象将同时被选取，如图2-269所示。

图2-268　　　　　　　　　图2-269

2.4.3 缩放、移动和镜像

1. 对象的缩放

在Illustrator 2020中可以快速而精确地按比例缩放对象，使设计工作变得更轻松。下面介绍对象缩放的方法。

（1）使用工具箱中的工具缩放对象。

选取要缩放的对象，对象的周围出现控制手柄，如图2-270所示。用鼠标拖曳需要的控制手柄，如图2-271所示，可以缩放对象，效果如图2-272所示。

选取要成比例缩放的对象，再选择比例缩放工具，对象的中心出现缩放对象的中心控制点，在中心控制点上拖曳鼠标可以移动中心控制点的位置，如图2-273所示。用鼠标在对象上拖曳可以缩放对象，如图2-274所示。成比例缩放对象后的效果如图2-275所示。

图2-270　　　　图2-271　　　　　图2-272　　　　　图2-273　　　　图2-274　　　　图2-275

提示 拖曳对角线上的控制手柄时，按住Shift键，对象会成比例缩放。按住Shift+Alt组合键，对象会成比例地向对象中心缩放。

（2）使用"变换"控制面板成比例缩放对象。

选择"窗口 > 变换"命令（快捷键为Shift+F8），弹出"变换"控制面板，如图2-276所示。在控制面板中，"X"选项可以设置对象在x轴的位置，"Y"选项可以设置对象在y轴的位置。改变x轴和y轴的数值，就可以移动对象。"宽"选项可以设置对象的宽度，"高"选项可以设置对象的高度。改变宽度和高度的数值，就可以缩放对象。勾选"缩放圆角"复选项，可以在缩放时等比例缩放圆角半径值。勾选"缩放描边和效果"复选项，可以在缩放时等比例缩放添加的描边和效果。

（3）使用菜单命令缩放对象。

选择"对象 > 变换 > 缩放"命令，弹出"比例缩放"对话框，如图2-277所示。在对话框中，选择"等比"选项可以使对象成比例缩放，右侧的文本框可以设置对象成比例缩放的百分比数值。选择"不等比"选项可以使对象不成比例缩放，"水

图2-276　　　　　　　　　图2-277

平"选项可以设置对象在水平方向上的缩放百分比，"垂直"选项可以设置对象在垂直方向上的缩放百分比。

（4）使用鼠标右键的弹出式命令缩放对象。

在选取的要缩放的对象上单击鼠标右键，弹出快捷菜单，选择"对象 > 变换 > 缩放"命令，也可以对对象进行缩放。

> **提示**　对象的移动、旋转、镜像和倾斜命令的操作也可以使用鼠标右键的弹出式命令来完成。

2. 对象的移动

在Illustrator 2020中，可以快速而精确地移动对象。要移动对象，就要使被移动的对象处于选取状态。

（1）使用工具箱中的工具和键盘移动对象。

选取要移动的对象，如图2-278所示。在对象上按住鼠标的左键不放，拖曳鼠标到需要放置对象的位置，如图2-279所示。释放鼠标左键，完成对象的移动操作，效果如图2-280所示。

选取要移动的对象，用键盘上的方向键可以微调对象的位置。

（2）使用"变换"控制面板移动对象。

选择"窗口 > 变换"命令（快捷键为Shift+F8），弹出"变换"控制面板。"变换"控制面板的使用方法和缩放对象时相同，这里不赘述。

（3）使用菜单命令移动对象。

选择"对象 > 变换 > 移动"命令（快捷键为Shift+Ctrl+M），弹出"移动"对话框，如图2-281所示。在对话框中，"水平"选项可以设置对象在水平方向上移动的数值，"垂直"选项可以设置对象在垂直方向上移动的数值，"距离"选项可以设置对象移动的距离，"角度"选项可以设置对象移动或旋转的角度，"复制"按钮用于复制出一个移动对象。

图2-278

图2-279

图2-280

图2-281

3. 对象的镜像

在Illustrator 2020中可以快速而精确地进行镜像操作，以使设计和制作工作更加高效。

（1）使用工具箱中的工具镜像对象。

选取要镜像的对象，如图2-282所示，选择镜像工具，用鼠标拖曳对象进行旋转，出现蓝色虚线，如图2-283所示，这样可以实现图形的旋转变换，也就是对象绕自身中心的镜像变换，镜像后的效果如图2-284所示。

在绘图页面上任意位置单击，可以确定新的镜像轴标志◇的位置，如图2-285所示。在绘图页面上任意位置再次单击，则单击产生的点与镜像轴标志的连线就作为镜像变换的镜像轴，对象在与镜像轴对称的地方生成镜像，效果如图2-286所示。

图2-282

图2-283

图2-284

图2-285

图2-286

提示 在使用镜像工具生成镜像对象的过程中，只能使对象本身产生镜像。要在镜像的位置生成一个对象的复制品，方法很简单，在拖曳鼠标的同时按住Alt键即可。镜像工具也可以用于旋转对象。

（2）使用选择工具镜像对象。

使用选择工具，选取要镜像的对象，如图2-287所示。按住鼠标左键直接拖曳控制手柄到相对的边，直到出现对象的蓝色虚线，如图2-288所示。释放鼠标左键就可以得到不规则的镜像对象，效果如图2-289所示。

直接拖曳左边或右边中间的控制手柄到相对的边，出现对象的蓝色虚线后，释放鼠标左键就可以得到原对象的水平镜像。直接拖曳上边或下边中间的控制手柄到相对的边，出现对象的蓝色虚线后，释放鼠标左键就可以得到原对象的垂直镜像。

图2-287

图2-288

图2-289

提示 按住Shift键，拖曳边角上的控制手柄到相对的边，对象会成比例地沿对角线方向生成镜像。按住Shift+Alt组合键，拖曳边角上的控制手柄到相对的边，对象会成比例地从中心生成镜像。

（3）使用菜单命令镜像对象。

选择"对象 > 变换 > 对称"命令，弹出"镜像"对话框，如图2-290所示。在"轴"选项组中，选择"水平"单选项可以垂直镜像对象，选择"垂直"单选项可以水平镜像对象，选择"角度"单选项可以输入镜像角度的数值；在"选项"选项组中，选择"变换对象"选项，镜像的对象不是图案；选择"变换图案"选项，镜像的对象是图案；"复制"按钮用于在原对象上复制一个镜像的对象。

图2-290

2.4.4 旋转和倾斜

1. 对象的旋转

（1）使用工具箱中的工具旋转对象。

使用选择工具 ▶ 选取要旋转的对象，将鼠标光标移动到旋转控制手柄上，这时的鼠标光标变为旋转符号 ↰，如图2-291所示。单击鼠标左键，拖动鼠标旋转对象，旋转时对象会出现蓝色虚线，指示旋转方向和角度，如图2-292所示。旋转到需要的角度后释放鼠标左键，旋转后的效果如图2-293所示。

图2-291

图2-292

图2-293

选取要旋转的对象，选择自由变换工具 ⊡，对象的四周会出现控制柄。用鼠标拖曳控制柄，就可以旋转对象。此工具与选择工具 ▶ 的使用方法类似。

选取要旋转的对象，选择旋转工具 ↻，对象的四周出现控制柄。用鼠标拖曳控制柄，就可以旋转对象。对象是围绕旋转中心 ◇ 来旋转的，默认的旋转中心是对象的中心点。通过改变旋转中心可以使对象旋转到新的位置，将鼠标光标移动到旋转中心上，按住鼠标左键拖曳旋转中心到需要的位置后，拖曳鼠标，如图2-294所示，释放鼠标，改变旋转中心后对象的效果如图2-295所示。

图2-294

图2-295

（2）使用"变换"控制面板旋转对象。

选择"窗口 > 变换"命令，弹出"变换"控制面板。"变换"控制面板的使用方法和缩放对象时相同，这里不赘述。

（3）使用菜单命令旋转对象。

选择"对象 > 变换 > 旋转"命令或双击旋转工具◯，弹出"旋转"对话框，如图2-296所示。在对话框中，"角度"选项可以设置对象旋转的角度；勾选"变换对象"复选项，旋转的对象不是图案；勾选"变换图案"复选项，旋转的对象是图案；"复制"按钮用于在原对象上复制一个旋转对象。

图2-296

2. 对象的倾斜

（1）使用工具箱中的工具倾斜对象。

选取要倾的对象，如图2-297所示，选择倾斜工具▱，对象的四周出现控制柄。用鼠标拖曳控制手柄或对象，会出现蓝色的虚线指示倾斜变形的方向和角度，如图2-298所示。倾斜到需要的角度后释放鼠标左键，对象的倾斜效果如图2-299所示。

（2）使用"变换"控制面板倾斜对象。

选择"窗口 > 变换"命令，弹出"变换"控制面板。"变换"控制面板的使用方法和缩放对象时相同，这里不赘述。

（3）使用菜单命令倾斜对象。

选择"对象 > 变换 > 倾斜"命令，弹出"倾斜"对话框，如图2-300所示。在对话框中，"倾斜角度"选项可以设置对象倾斜的角度。在"轴"选项组中，选择"水平"单选项，对象可以水平倾斜；选择"垂直"单选项，对象可以垂直倾斜；选择"角度"单选项，可以调节倾斜的角度。"复制"按钮用于在原对象上复制一个倾斜的对象。

图2-297

图2-298

图2-299

图2-300

2.4.5 撤销和恢复

在设计的过程中，可能会出现错误的操作，下面介绍撤销和恢复对象的操作方法。

1. 撤销对象的操作

选择"编辑 > 还原"命令（快捷键为Ctrl+Z），可以还原上一次的操作。连续按组合键Ctrl+Z，可以连续还原操作的命令。

2. 恢复对象的操作

选择"编辑 > 重做"命令（快捷键为Shift+Ctrl+Z），可以恢复上一次的操作。连续两次按组合键Shift+Ctrl+Z，即恢复前两步操作。

2.4.6 "路径查找器"控制面板

在Illustrator 2020中编辑图形时，"路径查找器"控制面板是最常用的面板之一，包含一组功能强大的路径编辑命令。使用"路径查找器"控制面板可以将许多简单的路径经过特定的运算之后形成复杂的路径。

选择"窗口 > 路径查找器"命令（快捷键为Shift+Ctrl+F9），弹出"路径查找器"控制面板，如图2-301所示。

图2-301

1. 认识"路径查找器"控制面板的按钮

在"路径查找器"控制面板的"形状模式"选项组中有5个按钮，分别是"联集"按钮 、"减去顶层"按钮 、"交集"按钮 、"差集"按钮 和"扩展"按钮。前4个按钮可以通过不同的组合方式在多个图形间制作出对应的复合图形，而"扩展"按钮则可以把复合图形转变为复合路径。

在"路径查找器"选项组中有6个按钮，分别是"分割"按钮 、"修边"按钮 、"合并"按钮 、"裁剪"按钮 、"轮廓"按钮 和"减去后方对象"按钮 。这组按钮主要是把对象分解成各个独立的部分，或者删除对象中不需要的部分。

2. 使用"路径查找器"控制面板

（1）"联集"按钮 。

在绘图页面中绘制两个图形对象，如图2-302所示。选中这两个对象，如图2-303所示，单击"联集"按钮 ，可以生成新的对象，取消选取状态后的效果如图2-304所示。"联集"命令可以添加到形状区域，生成的新对象的填充和描边属性与位于顶部对象的填充和描边属性相同。

图2-302

图2-303

图2-304

（2）"减去顶层"按钮。

在绘图页面中绘制两个图形对象，如图2-305所示。选中这两个对象，如图2-306所示，单击"减去顶层"按钮，可以生成新的对象，取消选取状态后的效果如图2-307所示。"减去顶层"命令可以在最底层对象的基础上，被顶层对象挡住的部分和顶层的所有对象被同时删除，只剩下最底层对象的剩余部分。

图2-305

图2-306

图2-307

（3）"交集"按钮。

在绘图页面中绘制两个图形对象，如图2-308所示。选中这两个对象，如图2-309所示，单击"交集"按钮，可以生成新的对象，取消选取状态后的效果如图2-310所示。"交集"命令可以将图形没有重叠的部分删除，仅保留重叠部分。生成的新对象的填充和描边属性与位于顶部的对象的填充和描边属性相同。

图2-308

图2-309

图2-310

（4）"差集"按钮。

在绘图页面中绘制两个图形对象，如图2-311所示。选中这两个对象，如图2-312所示，单击"差集"按钮，可以生成新的对象，取消选取状态后的效果如图2-313所示。"差集"命令可以删除对象间重叠的部分，生成的新对象的填充和描边属性与位于顶部的对象的填充和描边属性相同。

图2-311

图2-312

图2-313

（5）"分割"按钮 ▣。

在绘图页面中绘制两个图形对象，如图2-314所示。选中这两个对象，如图2-315所示，单击"分割"按钮 ▣，可以生成新的对象，取消编组并分别移动对象，取消选取状态后的效果如图2-316所示。"分割"命令可以分离相互重叠的图形，从而得到多个独立的对象。生成的重叠部分新对象的填充和笔画属性与位于顶部的对象的填充和描边属性相同。

图2-314

图2-315

图2-316

（6）"修边"按钮 ▣。

在绘图页面中绘制两个图形对象，如图2-317所示。选中这两个对象，如图2-318所示，单击"修边"按钮 ▣，可以生成新的对象，取消编组并分别移动对象，取消选取状态后的效果如图2-319所示。"修边"命令可以删除所有对象的描边属性和被顶层对象挡住的部分，新生成的对象保持原来的填充属性。

图2-317

图2-318

图2-319

（7）"合并"按钮 ▣。

在绘图页面中绘制两个图形对象，如图2-320所示。选中这两个对象，如图2-321所示，单击"合并"按钮 ▣，可以生成新的对象，取消编组并分别移动图像，取消选取状态后的效果如图2-322所示。如果填充属性相同，"合并"命令可以删除所有对象的描边，且合并具有相同颜色的整体对象；如果填充属性不同，"合并"命令可以删除所有对象的描边属性和被顶层对象挡住的部分，此时"合并"按钮的功能与"修边"按钮 ▣ 相同。

图2-320

图2-321

图2-322

（8）"裁剪"按钮 。

在绘图页面中绘制两个图形对象，如图2-323所示。选中这两个对象，如图2-324所示，单击"裁剪"按钮 ，可以生成新的对象，取消选取状态后的效果如图2-325所示。"裁剪"按钮的工作原理和蒙版相似，对重叠的图形来说，"裁剪"按钮只保留图形的重叠部分，新生成的对象仅保持底部对象的填充属性。

图2-323

图2-324

图2-325

（9）"轮廓"按钮 。

在绘图页面中绘制两个图形对象，如图2-326所示。选中这两个对象，如图2-327所示，单击"轮廓"按钮 ，可以生成新的对象，取消选取状态后的效果如图2-328所示。

图2-326

图2-327

图2-328

（10）"减去后方对象"按钮 。

在绘图页面中绘制两个图形对象，如图2-329所示。选中这两个对象，如图2-330所示，单击"减去后方对象"按钮 ，可以生成新的对象，取消选取状态后的效果如图2-331所示。"减去后方对象"命令可以从顶部对象中减去后面的对象。

图2-329

图2-330

图2-331

课堂练习——绘制人物图标

练习知识要点 使用矩形工具、变换控制面板、多边形工具、椭圆工具和钢笔工具绘制人物头发及五官，使用直接选择工具调整矩形的锚点，使用钢笔工具绘制衣领，效果如图2-332所示。

素材所在位置 学习资源\Ch02\素材\绘制人物图标\01。

效果所在位置 学习资源\Ch02\效果\绘制人物图标.ai。

图2-332

课后习题——绘制动物挂牌

习题知识要点 使用圆角矩形工具、椭圆工具绘制挂环，使用椭圆工具、旋转工具、路径查找器命令、缩放命令和钢笔工具绘制动物头像，效果如图2-333所示。

效果所在位置 学习资源\Ch02\效果\绘制动物挂牌.ai。

图2-333

第 3 章

路径的绘制与编辑

本章介绍

　　本章将讲解Illustrator 2020中路径的相关知识和钢笔工具的使用方法，以及绘制和编辑路径的方法。通过对本章的学习，读者可以运用路径工具绘制出需要的自由线条及图形。

学习目标

- 了解路径和锚点的相关知识。
- 掌握钢笔工具的使用方法。
- 掌握路径的编辑技巧。
- 掌握路径命令的使用方法。

技能目标

- 掌握"可口冰淇淋"的绘制方法。

3.1 认识路径和锚点

　　路径是使用绘图工具创建的直线、曲线或几何形状对象，是组成所有线条和图形的基本元素。Illustrator 2020提供了多种绘制路径的工具，如钢笔工具、画笔工具、铅笔工具等。路径可以由一个或多个路径组成，即由锚点连接起来的一条或多条线段组成。路径本身没有宽度和颜色，当对路径添加了描边后，路径才跟随描边的宽度和颜色具有了相应的属性。选择"图形样式"控制面板，可以为路径更改不同的样式。

3.1.1 路径

1. 路径的类型

　　为了满足绘图的需要，Illustrator 2020中的路径分为开放路径、闭合路径和复合路径3种类型。

　　开放路径的两个端点没有连接在一起，如图3-1所示。在对开放路径进行填充时，Illustrator 2020会假定路径两端已经连接起来形成了闭合路径。

　　闭合路径没有起点和终点，是一条连续的路径，如图3-2所示，可对其进行内部填充或描边填充。

　　复合路径是由两个或两个以上的开放或闭合路径组合而成的路径，如图3-3所示。

图3-1

图3-2

图3-3

2. 路径的组成

　　路径由锚点和线（曲线或直线）组成，可以通过调整路径上的锚点或线段来改变它的形状。在曲线路径上，除起始锚点外，其他锚点均有一条或两条控制线。控制线总是与曲线上锚点所在的圆相切，控制线呈现的角度和长度决定了曲线的形状。控制线的端点称为控制点，通过调整控制点可以调整整个曲线，如图3-4所示。

图3-4

3.1.2 锚点

1. 锚点的基本概念

　　锚点是构成直线或曲线的基本元素，在路径上可任意添加和删除锚点。通过调整锚点可以调整路径的形状，也可以通过锚点的转换来进行直线与曲线的转换。

2. 锚点的类型

Illustrator 2020中的锚点分为平滑点和角点两种类型。

平滑点是两条平滑曲线连接处的锚点，可以使两条线段连接成一条平滑的曲线，路径不会突然改变方向。每一个平滑点有两条相对应的控制线，如图3-5所示。

角点所在的位置处，路径的形状会急剧地改变。角点可分为3种类型。

直线角点：两条直线以一个很明显的角度形成的交点，这种锚点没有控制线，如图3-6所示。

曲线角点：两条方向各异的曲线相交的点，这种锚点有两条控制线，如图3-7所示。

复合角点：一条直线和一条曲线的交点，这种锚点有一条控制线，如图3-8所示。

图3-5　　　　　　　　　图3-6　　　　　　　　　图3-7　　　　　　　　　图3-8

3.2 钢笔工具

Illustrator 2020中的钢笔工具是一个非常重要的工具。使用钢笔工具可以绘制直线、曲线和任意形状的路径，也可以对线段进行精确的调整。

3.2.1 课堂案例——绘制可口冰淇淋

案例学习目标 学习使用钢笔工具、编辑路径命令绘制可口冰淇淋。

案例知识要点 使用椭圆工具、路径查找器命令和钢笔工具绘制冰淇淋球，使用矩形工具、镜像工具、变换控制面板、直接选择工具和直线段工具绘制冰淇淋筒，可口冰淇淋效果如图3-9所示。

效果所在位置 学习资源\Ch03\效果\绘制可口冰淇淋.ai。

图3-9

1. 绘制冰淇淋球

01 按Ctrl+N组合键，弹出"新建文档"对话框，设置文档的宽度为800px，高度为600px，取向为横向，颜色模式为RGB，单击"创建"按钮，新建一个文档。

02 选择椭圆工具 ，按住Shift键的同时，在适当的位置绘制一个圆形，在属性栏中将"描边粗细"选项设置为13pt，按Enter键确定操作，效果如图3-10所示。

03 保持图形选取状态，设置描边色（其R、G、B的值分别为83、35、85），填充描边，效果如图3-11所示，设置填充色（其R、G、B的值分别为235、147、187），填充图形，效果如图3-12所示。

图3-10

图3-11

图3-12

04 选择椭圆工具 ，按住Shift键的同时，在适当的位置绘制一个圆形，效果如图3-13所示。选择选择工具 ，按住Alt键的同时，向右拖曳圆形到适当的位置，复制圆形，效果如图3-14所示。

图3-13

图3-14

05 选择选择工具 ，按住Shift键的同时，单击左侧圆形将其同时选取，如图3-15所示。选择"窗口 > 路径查找器"命令，弹出"路径查找器"控制面板，单击"减去顶层"按钮 ，如图3-16所示；生成新的对象，如图3-17所示。设置填充色（其R、G、B的值分别为220、120、170），填充图形，并设置描边色为无，效果如图3-18所示。

图3-15

图3-16

图3-17

图3-18

06 选择椭圆工具 ，按住Shift键的同时，在适当的位置绘制一个圆形，设置填充色（其R、G、B的值分别为220、120、170），填充图形，并设置描边色为无，效果如图3-19所示。

07 选择选择工具 ，按住Alt键的同时，向右拖曳圆形到适当的位置，复制圆形，效果如图3-20所示。用相同的方法再复制两个圆形，效果如图3-21所示。

图3-19　　　　　　　　　　　图3-20　　　　　　　　　　　图3-21

08 选择椭圆工具 ，按住Shift键的同时，在适当的位置绘制一个圆形，填充图形为白色，并设置描边色为无，效果如图3-22所示。

09 选择"窗口 > 透明度"命令，弹出"透明度"控制面板，设置如图3-23所示，效果如图3-24所示。

图3-22　　　　　　　　　　　图3-23　　　　　　　　　　　图3-24

10 选择选择工具 ，按住Alt键的同时，向右下方拖曳圆形到适当的位置，复制圆形，效果如图3-25所示。

11 选择钢笔工具 ，在适当的位置分别绘制不规则图形，如图3-26所示。选择选择工具 ，按住Shift键的同时，将所绘制的图形同时选取，填充图形为白色，并设置描边色为无，效果如图3-27所示。

图3-25　　　　　　　　　　　图3-26　　　　　　　　　　　图3-27

12 在"透明度"控制面板中将混合模式选项设置为"柔光"，其他设置如图3-28所示，效果如图3-29所示。用相同的方法再制作一个红色冰淇淋球，效果如图3-30所示。

图3-28　　　　　　　　　　　图3-29　　　　　　　　　　　图3-30

2. 绘制冰淇淋筒

01 选择矩形工具 ▢ ，在适当的位置绘制一个矩形，如图3-31所示。选择直接选择工具 ▷ ，选取左下角的锚点，并向右拖曳锚点到适当的位置，效果如图3-32所示。向内拖曳左下角的边角构件，如图3-33所示，松开鼠标后，效果如图3-34所示。

图3-31　　　　　　　　图3-32　　　　　　　　图3-33　　　　　　　　图3-34

02 用相同的方法再绘制一个图形，效果如图3-35所示。选择选择工具 ▶ ，按住Shift键的同时，将所绘制的图形同时选取，如图3-36所示。单击"路径查找器"控制面板中的"联集"按钮 ▣ ，如图3-37所示；生成新的对象，效果如图3-38所示。

图3-35　　　　　　　　图3-36　　　　　　　　图3-37　　　　　　　　图3-38

03 双击镜像工具 ▷◁ ，弹出"镜像"对话框，设置如图3-39所示；单击"复制"按钮，镜像并复制图形，效果如图3-40所示。选择选择工具 ▶ ，按住Shift键的同时，水平向右拖曳复制的图形到适当的位置，效果如图3-41所示。

图3-39　　　　　　　　　　　图3-40　　　　　　　　　　　图3-41

04 选择选择工具 ▶ ，按住Shift键的同时，单击原图形将其同时选取，如图3-42所示。单击"路径查找器"控制面板中的"联集"按钮 ▣ ，生成新的对象，效果如图3-43所示。

05 保持图形选取状态。在属性栏中将"描边粗细"设置为13pt，按Enter键确定操作，效果如图3-44所示。设置描边色（其R、G、B的值分别为83、35、85），填充描边；并设置填充色（其R、G、B的值分别为236、175、70），填充图形，效果如图3-45所示。

图3-42　　　　　　图3-43　　　　　　图3-44　　　　　　图3-45

06 选择直线段工具 ／ ，按住Shift键的同时，在适当的位置绘制一条直线，设置描边色（其R、G、B的值分别为83、35、85），填充描边，效果如图3-46所示。

07 选择"窗口 > 描边"命令，弹出"描边"控制面板，单击"端点"选项中的"圆头端点"按钮 ▣ ，其他设置如图3-47所示，效果如图3-48所示。

图3-46　　　　　　　　　图3-47　　　　　　　　图3-48

08 选择矩形工具 ▣ ，在适当的位置绘制一个矩形，如图3-49所示。选择直接选择工具 ▷ ，选取右下角的锚点，并向左拖曳到适当的位置，如图3-50所示。

图3-49　　　　　　　　　图3-50

09 选取左下角的锚点，并向右拖曳到适当的位置，如图3-51所示。向内拖曳左下角的边角构件，松开鼠标后，效果如图3-52所示。用相同的方法调整左上角锚点的边角构件，效果如图3-53所示。

图3-51　　　　　　　　　　图3-52　　　　　　　　　　图3-53

10 选择选择工具 ，选取图形，设置填充色（其R、G、B的值分别为245、197、92），填充图形，并设置描边色为无，效果如图3-54所示。用相同的方法绘制另一个图形，并填充相应的颜色，效果如图3-55所示。

11 选择矩形工具 ，在适当的位置绘制一个矩形，如图3-56所示。在属性栏中将"描边粗细"设置为13pt，按Enter键确定操作，效果如图3-57所示。

图3-54　　　　　　　　　图3-55　　　　　　　　　图3-56　　　　　　　　　图3-57

12 选择"窗口 > 变换"命令，弹出"变换"控制面板，在"矩形属性"选项组中，将"圆角半径"均设置为11px，如图3-58所示，按Enter键确定操作，效果如图3-59所示。设置描边色（其R、G、B的值分别为83、35、85），填充描边，效果如图3-60所示。

图3-59

图3-58　　　　　　　　　图3-60

13 选择直线段工具 ，按住Shift键的同时，在适当的位置绘制一条直线，设置描边色（其R、G、B的值分别为245、197、92），填充描边，效果如图3-61所示。

14 单击"描边"控制面板中"端点"选项中的"圆头端点"按钮 ，其他设置如图3-62所示，效果如图3-63所示。

图3-61　　　　　　　　　图3-62　　　　　　　　　图3-63

15 按Ctrl+O组合键，打开学习资源中的"Ch03\素材\绘制可口冰淇淋\01"文件，按Ctrl+A组合键，全选图形，按Ctrl+C组合键，复制图形。选择正在编辑的页面，按Ctrl+V组合键，将其粘贴到页面中，选择选择工具 ▶，拖曳复制的图形到适当的位置，效果如图3-64所示。

16 选取右上角的图形，连续按Ctrl+ [组合键，将图形向后移至适当的位置，效果如图3-65所示。用相同的方法调整其他图形的顺序，效果如图3-66所示。可口冰淇淋绘制完成。

图3-64 图3-65 图3-66

3.2.2 直线的绘制

选择钢笔工具 ✐，在页面中单击鼠标确定直线的起点，如图3-67所示。移动鼠标到需要的位置，再次单击鼠标确定直线的终点，如图3-68所示。

在需要的位置再连续单击确定其他的锚点，就可以绘制出折线的效果，如图3-69所示。双击折线上的锚点，该锚点会被删除，折线的相邻两个锚点将自动连接，如图3-70所示。

图3-67 图3-68 图3-69 图3-70

3.2.3 曲线的绘制

选择钢笔工具 ✐，在页面中按住鼠标左键拖曳鼠标来确定曲线的起点。起点的两端分别出现了控制线，如图3-71所示，释放鼠标。

移动鼠标到需要的位置，再次按住鼠标左键拖曳鼠标，出现了一条曲线段。拖曳鼠标的同时，第2个锚点两端也出现了控制线。按住鼠标不放，随着鼠标的移动，曲线段的形状也发生了变化，如图3-72所示。释放鼠标后再移动鼠标可继续绘制。

如果连续按住并拖曳鼠标，则可以绘制出连续、平滑的曲线，如图3-73所示。

图3-71

图3-72

图3-73

3.2.4 复合路径的绘制

钢笔工具不但可以绘制单纯的直线或曲线，而且可以绘制既包含直线又包含曲线的复合路径。

在复合路径中，路径间重叠在一起的公共区域被镂空，呈透明状态，如图3-74和图3-75所示。

图3-74

图3-75

1. 制作复合路径

（1）使用命令制作复合路径。

绘制两个图形，并选中这两个图形对象，如图3-76所示。选择"对象 > 复合路径 > 建立"命令（快捷键为Ctrl+8），可以看到两个对象成为复合路径后的效果，如图3-77所示。

（2）使用弹出式菜单制作复合路径。

绘制两个图形，并选中这两个图形对象，用鼠标右键单击选中的对象，在弹出的菜单中选择"建立复合路径"命令，两个对象即成为复合路径。

2. 复合路径与编组的区别

虽然使用编组选择工具 也能将组成复合路径的各个路径单独选中，但复合路径和编组是有区别的。编组是组合在一起的一组对象，其中的每个对象都是独立的，各个对象可以有不同的外观属性；而复合路径中的所有路径都被认为是一条路径，整个复合路径中只能有一种填充和描边属性。复合路径与编组的效果差别如图3-78和图3-79所示。

图3-76

图3-77

图3-78

图3-79

3. 释放复合路径

（1）使用命令释放复合路径。

选中复合路径，选择"对象 > 复合路径 > 释放"命令（快捷键为Alt+Shift+Ctrl+8），可以释放复合路径。

（2）使用弹出式菜单制作复合路径。

选中复合路径，在绘图页面上单击鼠标右键，在弹出的菜单中选择"释放复合路径"命令，可以释放复合路径。

3.3 路径的编辑

Illustrator 2020的工具箱中包括很多路径编辑工具，应用这些工具可以对路径进行变形、转换和剪切等操作。

3.3.1 添加、删除和转换锚点

按住钢笔工具 不放，将展开钢笔工具组，如图3-80所示。

1. 添加锚点

绘制一段路径，如图3-81所示。选择添加锚点工具 ，在路径上的任意位置单击，路径上就会增加一个新的锚点，如图3-82所示。

图3-80   图3-81   图3-82

2. 删除锚点

绘制一段路径，如图3-83所示。选择删除锚点工具 ，在路径上的任意一个锚点上单击，该锚点就会被删除，如图3-84所示。

图3-83   图3-84

3. 转换锚点

绘制一段闭合的路径，如图3-85所示。选择锚点工具 ，单击路径上的锚点，锚点就会被转换，如图3-86所示。拖曳锚点可以编辑路径的形状，效果如图3-87所示。

图3-85　　　　　　　　　　图3-86　　　　　　　　　　图3-87

3.3.2　剪刀和美工刀工具的使用

1. 剪刀工具

绘制一段路径，如图3-88所示。选择剪刀工具，单击路径上任意一点，路径就会从单击的地方被剪切为两条路径，如图3-89所示。按键盘上方向键中的↓键，移动剪切的锚点，即可看见剪切后的效果，如图3-90所示。

图3-88　　　　　　　　　　图3-89　　　　　　　　　　图3-90

2. 美工刀工具

绘制一段闭合路径，如图3-91所示。选择美工刀工具，在需要的位置按住鼠标左键从路径的上方至下方拖曳出一条线，如图3-92所示，释放鼠标左键，闭合路径被裁切为两个闭合路径，如图3-93所示。选中路径的右半部分，按键盘上的方向键中的→键，移动路径，可以看见路径被裁切为两部分，如图3-94所示。

图3-91　　　　　　　图3-92　　　　　　　图3-93　　　　　　　图3-94

3.4　路径命令

在Illustrator 2020中，除了能够使用工具箱中的各种编辑工具对路径进行编辑外，还可以应用路径菜单中的命令对路径进行编辑。选择"对象 > 路径"命令，弹出子菜单，包含11个编辑命令："连接"命令、"平均"命令、"轮廓化描边"命令、"偏移路径"命令、"反转路径方向"命令、"简化"命令、

"添加锚点"命令、"移去锚点"命令、"分割下方对象"命令、"分割为网格"命令和"清理"命令，如图3-95所示。

连接(J)	Ctrl+J
平均(V)...	Alt+Ctrl+J
轮廓化描边(U)	
偏移路径(O)...	
反转路径方向(E)	
简化(M)...	
添加锚点(A)	
移去锚点(R)	
分割下方对象(D)	
分割为网格(S)...	
清理(C)...	

图3-95

3.4.1 "连接"命令

"连接"命令可以将开放路径的两个端点用一条直线段连接起来，从而形成新的路径。如果连接的两个端点在同一条路径上，将形成一条新的闭合路径；如果连接的两个端点在不同的开放路径上，将形成一条新的开放路径。

选择直接选择工具 ▷，用框选的方法选择要进行连接的两个端点，如图3-96所示。选择"对象 > 路径 > 连接"命令（快捷键为Ctrl+J），两个端点之间将出现一条直线段，把开放路径连接起来，效果如图3-97所示。

图3-96

图3-97

> **提示** 如果在两条路径间进行连接，这两条路径必须属于同一个组。文本路径中的终止点不能连接。

3.4.2 "平均"命令

"平均"命令可以将路径上的所有点按一定的方式平均分布，应用该命令可以制作对称的图案。

选择直接选择工具 ▷，选中要进行平均分布的锚点，如图3-98所示，选择"对象 > 路径 > 平均"命令（快捷键为Ctrl+Alt+J），弹出"平均"对话框，如图3-99所示。对话框中包括3个选项。"水平"单选项可以将选定的锚点按水平方向进行平均分布，选择"水平"单选项，单击"确定"按钮，选中的锚点将在水平方向进行对齐，效果如图3-100所示；"垂直"单选项可以将选定的锚点按垂直方向进行平均分布，图3-101所示为选择"垂直"单选项，单击"确定"按钮后选中的锚点的效果；"两者兼有"单选项可以将选定的锚点按水平和垂直两种方向进行平均分布，图3-102所示为选择"两者兼有"单选项，单击"确定"按钮后选中的锚点的效果。

| 图3-98 | 图3-99 | 图3-100 | 图3-101 | 图3-102 |

3.4.3 "轮廓化描边"命令

"轮廓化描边"命令可以在已有描边的两侧创建新的路径，可以理解为新路径由两条路径组成，这两条路径分别是原来对象描边两侧的边缘。无论是对开放路径还是对闭合路径，使用"轮廓化描边"命令，得到的都将是闭合路径。

使用铅笔工具 ✏ 绘制出一条路径，选中路径对象，如图3-103所示。选择"对象 > 路径 > 轮廓化描边"命令，创建对象的描边轮廓，如图3-104所示。应用渐变命令为描边轮廓填充渐变色，效果如图3-105所示。

| 图3-103 | 图3-104 | 图3-105 |

3.4.4 "偏移路径"命令

"偏移路径"命令可以围绕着已有路径的外部或内部勾画一条新的路径，新路径与原路径之间偏移的距离可以按需要设置。

选中要偏移的对象，如图3-106所示。选择"对象 > 路径 > 偏移路径"命令，弹出"偏移路径"对话框，如图3-107所示。"位移"选项用来设置偏移的距离，设置的数值为正数，新路径在原始路径的外部；设置的数值为负数，新路径在原始路径的内部；"连接"选项可以设置新路径拐角上不同的连接方式；"斜接限制"选项会影响连接区域的大小。

设置"位移"的数值为正数时，偏移效果如图3-108所示。设置"位移"的数值为负数时，偏移效果如图3-109所示。

图3-106   图3-107   图3-108   图3-109

3.4.5 "反转路径方向"命令

"反转路径方向"命令可以让复合路径的终点转换为起点。

选中要反转的路径，如图3-110所示。选择"对象 > 路径 > 反转路径方向"命令，反转路径，终点变为起点，如图3-111所示。

图3-110   图3-111

3.4.6 "简化"命令

"简化"命令可以在尽量不改变图形原始形状的基础上通过删去多余的锚点来简化路径，为修改和编辑路径提供了方便。

打开一张存在着大量锚点的图像并选中，选择"对象 > 路径 > 简化"命令，弹出相应的面板，如图3-112所示。

"最少锚点数"选项 ：当滑块接近或等于最少锚点数时，锚点较少，修改后的路径曲线与原始路径会有细微偏差。

"最大锚点数"选项 ：当滑块接近或等于最大锚点数时，修改后的路径曲线将具有更多锚点，并且更接近原始曲线。

"自动简化"按钮 ：默认为选中状态，系统自动删除多余的锚点，并计算出一条简化的路径。

"更多选项"按钮 ：单击此按钮，弹出"简化"对话框，如图3-113所示。在对话框中，"简化曲线"选项可以设置路径简化的精度；"角点角度阈值"选项用来处理尖锐的角点；勾选"转换为直线"复选框，将在每对锚点间绘制一条直线；勾选"显示原始路径"复选框，在预览简化后的效果时，将显示出原始路径以作对比。单击"确定"按钮，简化后的路径与原始图像相比，外观更加平滑，路径上的锚点数目也减少了，效果如图3-114所示。

图3-112

图3-113

图3-114

3.4.7 "添加锚点"命令

"添加锚点"命令可以给选定的路径增加锚点，执行一次该命令可以在两个相邻的锚点中间添加一个锚点。重复该命令，可以添加更多的锚点。

选中要添加锚点的对象，如图3-115所示。选择"对象 > 路径 > 添加锚点"命令，添加锚点后的效果如图3-116所示。重复多次"添加锚点"命令，效果如图3-117所示。

图3-115

图3-116

图3-117

3.4.8 "分割下方对象"命令

"分割下方对象"命令可以使用已有的路径切割位于它下方的封闭路径。

（1）用开放路径分割对象。

选择一个对象作为被切割对象，如图3-118所示。绘制一个开放路径作为切割对象，将其放在被切割对象之上，如图3-119所示。选择"对象 > 路径 > 分割下方对象"命令，切割后，移动对象即可看到切割后的新对象，效果如图3-120所示。

图3-118

图3-119

图3-120

（2）用闭合路径分割对象。

选择一个对象作为被切割对象，如图3-121所示。绘制一个闭合路径作为切割对象，将其放在被切割对象之上，如图3-122所示。选择"对象 > 路径 > 分割下方对象"命令，切割后，移动对象即可看到切割后的新对象，效果如图3-123所示。

图3-121

图3-122

图3-123

3.4.9 "分割为网格"命令

"分割为网格"命令可以将一个或多个对象分割为按行和列排列的网格对象。

选择一个对象，如图3-124所示。选择"对象 > 路径 > 分割为网格"命令，弹出"分割为网格"对话框，如图3-125所示。在对话框的"行"选项组中，"数量"选项可以设置对象的行数；在"列"选项组中，"数量"选项可以设置对象的列数。单击"确定"按钮，效果如图3-126所示。

图3-124

图3-125

图3-126

3.4.10 "清理"命令

"清理"命令可以为当前的文档删除3种多余的对象：游离点、未上色对象和空文本路径。

选择"对象 > 路径 > 清理"命令，弹出"清理"对话框，如图3-127所示。在对话框中，勾选"游离点"复选项，可以删除所有的游离点。游离点是一些可以有路径属性但不能被打印的点，使用钢笔工具绘制图形时有时会产生游离点。勾选"未上色对象"复选项，可以删除所有没有填充色和笔画色的对象，不能删除蒙版对象。勾选"空文本路径"复选项，可以删除所有没有字符的文本路径。设置完成后，单击"确定"按钮，系统将会自动清理当前文档。如果文档中没有上述类型的对象，就会弹出一个提示框，提示当前文档无须清理，如图3-128所示。

图3-127　　　　　　　　　图3-128

课堂练习——绘制网页Banner卡通人物

练习知识要点 使用钢笔工具、渐变工具绘制网页Banner卡通人物，效果如图3-129所示。

素材所在位置 学习资源\Ch03\素材\绘制网页Banner卡通人物\01。

效果所在位置 学习资源\Ch03\效果\绘制网页Banner卡通人物.ai。

图3-129

课后习题——绘制婴儿贴

习题知识要点 使用多边形工具、圆角命令制作婴儿贴底部，使用偏移路径命令创建外部路径，使用椭圆工具、简化命令制作腮红，使用文字工具添加文字，效果如图3-130所示。

效果所在位置 学习资源\Ch03\效果\绘制婴儿贴.ai。

图3-130

第 4 章

对象的组织

本章介绍

　　Illustrator 2020功能包括对象的对齐与分布、前后顺序的调整、编组、锁定与隐藏等。这些功能对组织图形对象非常有用。本章主要讲解对象的排列及控制对象等内容。通过学习本章的内容，读者可以高效、快速地对齐、分布和控制多个对象，以使工作更加得心应手。

学习目标

●掌握对齐和分布对象的方法。

●掌握调整对象和图层顺序的技巧。

●熟练掌握对象的编组方法。

●掌握锁定和隐藏对象的技巧。

技能目标

●掌握"寿司店海报"的制作方法。

4.1 对象的对齐和分布

选择"窗口 > 对齐"命令,弹出"对齐"控制面板,如图4-1所示。单击控制面板右上方的图标 ,在弹出的菜单中选择"显示选项"命令,弹出"分布间距"选项组,如图4-2所示。单击"对齐"控制面板右下方的"对齐"按钮 ,弹出其下拉菜单,如图4-3所示。

图4-1

图4-2

图4-3

4.1.1 课堂案例——制作寿司店海报

【案例学习目标】学习使用对齐控制面板制作寿司店海报。

【案例知识要点】使用置入命令置入素材图片,使用对齐控制面板对齐图片,使用矩形工具、剪切蒙版命令制作图片蒙版效果,使用文字工具、字符控制面板添加宣传文字,寿司店海报效果如图4-4所示。

【效果所在位置】学习资源\Ch04\效果\制作寿司店海报.ai。

图4-4

图4-5

01 按Ctrl+N组合键,弹出"新建文档"对话框,设置文档的宽度为1080px,高度为1440px,取向为竖向,颜色模式为RGB,单击"创建"按钮,新建一个文档。

02 选择"文件 > 置入"命令,弹出"置入"对话框,选择学习资源中的"Ch04\素材\制作寿司店海报\01"文件,单击"置入"按钮,在页面中单击置入图片,单击属性栏中的"嵌入"按钮,嵌入图片。选择"选择"工具 ,拖曳图片到适当的位置,效果如图4-5所示。按Ctrl+2组合键,锁定所选对象。

03 按Ctrl+O组合键，打开学习资源中的"Ch04\素材\制作寿司店海报\02"文件，按Ctrl+A组合键，全选图片。按Ctrl+C组合键，复制图片。选择正在编辑的页面，按Ctrl+V组合键，将其粘贴到页面中，选择选择工具▶，并拖曳复制的图片到适当的位置，效果如图4-6所示。

04 用框选的方法将第一行图片同时选取，如图4-7所示，选择"窗口 > 对齐"命令，弹出"对齐"控制面板，将对齐方式设置为"对齐所选对象"，单击"垂直居中对齐"按钮▥，如图4-8所示，效果如图4-9所示。

图4-6　　　　　　　图4-7　　　　　　　图4-8　　　　　　　图4-9

05 用框选的方法将第二行图片同时选取，如图4-10所示，在"对齐"控制面板中单击"垂直底对齐"按钮▙，如图4-11所示，效果如图4-12所示。

图4-10　　　　　　　图4-11　　　　　　　图4-12

06 用框选的方法将第三行图片同时选取，如图4-13所示，在"对齐"控制面板中单击"垂直顶对齐"按钮▛，如图4-14所示，效果如图4-15所示。

图4-13　　　　　　　图4-14　　　　　　　图4-15

07 用框选的方法将第一列图片同时选取，如图4-16所示，在"对齐"控制面板中单击"水平居中对齐"按钮▤，如图4-17所示，效果如图4-18所示。按Ctrl+G组合键，将第一列图片编组。

图4-16

图4-17

图4-18

08 用框选的方法将第二列图片同时选取，如图4-19所示，在"对齐"控制面板中单击"水平右对齐"按钮，如图4-20所示，效果如图4-21所示。按Ctrl+G组合键，将第二列图片编组。

图4-19

图4-20

图4-21

09 用框选的方法将第三列图片同时选取，如图4-22所示，在"对齐"控制面板中单击"水平左对齐"按钮，如图4-23所示，效果如图4-24所示。按Ctrl+G组合键，将第三列图片编组。

图4-22

图4-23

图4-24

10 用框选的方法将所有图片同时选取，如图4-25所示，再次单击第一列编组图片将其作为参照对象，如图4-26所示。

图4-25

图4-26

11 在"对齐"控制面板右下方的数值框中将间距值设置为230px，再单击"水平分布间距"按钮，如图4-27所示，等距离水平分布图片，效果如图4-28所示。按Ctrl+G组合键，将选中的图片编组。

图4-27

图4-28

12 选择矩形工具，绘制一个与页面大小相等的矩形，如图4-29所示。选择选择工具，按住Shift键的同时，单击下方编组图片将其同时选取，如图4-30所示，按Ctrl+7组合键，建立剪切蒙版，效果如图4-31所示。

图4-29

图4-30

图4-31

13 选择文字工具，在页面中分别输入需要的文字，选择选择工具，在属性栏中选择合适的字体并设置文字大小，效果如图4-32所示。按住Shift键的同时，将需要的文字同时选取，按Alt+ →组合键，调整文字间距，效果如图4-33所示。

14 选择直排文字工具，在适当的位置输入需要的文字，选择选择工具，在属性栏中选择合适的字体并设置文字大小，效果如图4-34所示。

图4-32

图4-33

图4-34

15 选取文字"寿司店"，按Ctrl+T组合键，弹出"字符"控制面板，将"设置所选字符的字距调整"设置为50，其他设置如图4-35所示；按Enter键确定操作，效果如图4-36所示。设置填充色（其R、G、B的值分别为94、129、142），填充文字，效果如图4-37所示。

<table>
<tr><td>图4-35</td><td>图4-36</td><td>图4-37</td></tr>
</table>

16 选取右侧需要的文字，在"字符"控制面板中将"设置行距"设置为60pt，其他设置如图4-38所示；按Enter键确定操作，效果如图4-39所示。寿司店海报制作完成，效果如图4-40所示。

<table>
<tr><td>图4-38</td><td>图4-39</td><td>图4-40</td></tr>
</table>

4.1.2 对齐对象

"对齐"控制面板中的"对齐对象"选项组包括6种对齐命令按钮："水平左对齐"按钮、"水平居中对齐"按钮、"水平右对齐"按钮、"垂直顶对齐"按钮、"垂直居中对齐"按钮和"垂直底对齐"按钮。

1. 水平左对齐

以最左边对象的左边线为基准线，被选中对象的左边缘都和这条线对齐（最左边对象的位置不变）。

选取要对齐的对象，如图4-41所示。单击"对齐"控制面板中的"水平左对齐"按钮，选取的对象都将向左对齐，如图4-42所示。

2. 水平居中对齐

以选定对象的中点为基准点对齐，所有对象在垂直方向的位置保持不变（多个对象进行水平居中对齐时，以中间对象的中点为基准点进行对齐，中间对象的位置不变）。

选取要对齐的对象，如图4-43所示。单击"对齐"控制面板中的"水平居中对齐"按钮，选取的对象将都水平居中对齐，如图4-44所示。

图4-41　　　　　　　　图4-42　　　　　　　　图4-43　　　　　　　　图4-44

3. 水平右对齐

以最右边对象的右边线为基准线，被选中对象的右边缘都和这条线对齐（最右边对象的位置不变）。

选取要对齐的对象，如图4-45所示。单击"对齐"控制面板中的"水平右对齐"按钮，选取的对象都将水平向右对齐，如图4-46所示。

4. 垂直顶对齐

以多个要对齐对象中最上面对象的上边线为基准线，选定对象的上边线都和这条线对齐（最上面对象的位置不变）。

选取要对齐的对象，如图4-47所示。单击"对齐"控制面板中的"垂直顶对齐"按钮，选取的对象都将向上对齐，如图4-48所示。

图4-45　　　　　　　　图4-46　　　　　　　　图4-47　　　　　　　　图4-48

5. 垂直居中对齐

以多个要对齐对象的中点为基准点进行对齐，所有对象进行垂直移动，水平方向上的位置不变（多个对象进行垂直居中对齐时，以中间对象的中点为基准点进行对齐，中间对象的位置不变）。

选取要对齐的对象，如图4-49所示。单击"对齐"控制面板中的"垂直居中对齐"按钮，选取的对象都将垂直居中对齐，如图4-50所示。

6. 垂直底对齐

以多个要对齐对象中最下面对象的下边线为基准线，选定对象的下边线都和这条线对齐（最下面对象的位置不变）。

选取要对齐的对象，如图4-51所示。单击"对齐"控制面板中的"垂直底对齐"按钮，选取的对象都将垂直向底对齐，如图4-52所示。

图4-49

图4-50

图4-51

图4-52

4.1.3 分布对象

"对齐"控制面板中的"分布对象"选项组包括6种分布命令按钮："垂直顶分布"按钮、"垂直居中分布"按钮、"垂直底分布"按钮、"水平左分布"按钮、"水平居中分布"按钮、"水平右分布"按钮。

1. 垂直顶分布

以每个选取对象的上边线为基准线，使对象按相等的间距垂直分布。

选取要分布的对象，如图4-53所示。单击"对齐"控制面板中的"垂直顶分布"按钮，选取的对象将按各自的上边线，等距离垂直分布，如图4-54所示。

2. 垂直居中分布

以每个选取对象的中线为基准线，使对象按相等的间距垂直分布。

选取要分布的对象，如图4-55所示。单击"对齐"控制面板中的"垂直居中分布"按钮，选取的对象将按各自的中线，等距离垂直分布，如图4-56所示。

图4-53

图4-54

图4-55

图4-56

3. 垂直底分布

以每个选取对象的下边线为基准线，使对象按相等的间距垂直分布。

选取要分布的对象，如图4-57所示。单击"对齐"控制面板中的"垂直底分布"按钮，选取的对象将按各自的下边线，等距离垂直分布，如图4-58所示。

4. 水平左分布

以每个选取对象的左边线为基准线，使对象按相等的间距水平分布。

选取要分布的对象，如图4-59所示。单击"对齐"控制面板中的"水平左分布"按钮，选取的对象将按各自的左边线，等距离水平分布，如图4-60所示。

图4-57

图4-58

图4-59

图4-60

5. 水平居中分布

以每个选取对象的中线为基准线，使对象按相等的间距水平分布。

选取要分布的对象，如图4-61所示。单击"对齐"控制面板中的"水平居中分布"按钮，选取的对象将按各自的中线，等距离水平分布，如图4-62所示。

6. 水平右分布

以每个选取对象的右边线为基准线，使对象按相等的间距水平分布。

选取要分布的对象，如图4-63所示。单击"对齐"控制面板中的"水平右分布"按钮，选取的对象将按各自的右边线，等距离水平分布，如图4-64所示。

图4-61

图4-62

图4-63

图4-64

4.1.4 分布间距

要精确指定对象间的距离，需选择"对齐"控制面板中的"分布间距"选项组，其中包括"垂直分布间距"按钮和"水平分布间距"按钮。

1. 垂直分布间距

选取要对齐的多个对象，如图4-65所示。单击被选取对象中的任意一个对象，该对象将作为其他对象进行分布时的参照，如图4-66所示。在"对齐"控制面板右下方的数值框中将距离设置为10mm，如图4-67所示。

单击"对齐"控制面板中的"垂直分布间距"按钮。所有被选取的对象将以中间图像作为参照按设置的数值等距离垂直分布，效果如图4-68所示。

图4-65

图4-66

图4-67

图4-68

2. 水平分布间距

选取要对齐的对象，如图4-69所示。单击被选取对象中的任意一个对象，该对象将作为其他对象进行分布时的参照，如图4-70所示。在"对齐"控制面板右下方的数值框中将距离设置为3mm，如图4-71所示。

单击"对齐"控制面板中的"水平分布间距"按钮，所有被选取的对象将以右下角的图像作为参照，按设置的数值等距离水平分布，效果如图4-72所示。

图4-69

图4-70

图4-71

图4-72

4.2 对象和图层顺序的调整

对象之间存在着堆叠的关系，后绘制的对象一般显示在先绘制的对象之上。在实际操作中，可以根据需要改变对象之间的堆叠顺序。

4.2.1 排列对象

选择"对象＞排列"命令，其子菜单包括5个命令：置于顶层、前移一层、后移一层、置于底层和发送至当前图层，使用这些命令可以改变图形对象的排序。对象间堆叠的效果如图4-73所示。

选中要排序的对象，鼠标右键单击页面，在弹出的快捷菜单中选择"排列"命令，可以对对象进行排序。

图4-73

1. 置于顶层

将选取的对象移到所有对象的顶层。选取要移动的对象，如图4-74所示。用鼠标右键单击页面，弹出其快捷菜单，在"排列"命令的子菜单中选择"置于顶层"命令，对象排到顶层，效果如图4-75所示。

2. 前移一层

将选取的对象向前移动一层。选取要移动的对象，如图4-76所示。用鼠标右键单击页面，弹出其快捷菜单，在"排列"命令的子菜单中选择"前移一层"命令，对象向前一层，效果如图4-77所示。

图4-74

图4-75

图4-76

图4-77

3. 后移一层

将选取的对象向后移动一层。选取要移动的对象，如图4-78所示。用鼠标右键单击页面，弹出其快捷菜单，在"排列"命令的子菜单中选择"后移一层"命令，对象向后一层，效果如图4-79所示。

4. 置于底层

将选取的对象移到所有对象的底层。选取要移动的对象，如图4-80所示。用鼠标右键单击页面，弹出其快捷菜单，在"排列"命令的子菜单中选择"置于底层"命令，对象将排到最后面，效果如图4-81所示。

| 图4-78 | 图4-79 | 图4-80 | 图4-81 |

5. 发送至当前图层

选择"窗口 > 图层"命令，弹出"图层"控制面板，在"图层1"上新建"图层2"，如图4-82所示。选取要发送到当前图层的对象，如图4-83所示，这时"图层1"变为当前图层，如图4-84所示。

| 图4-82 | 图4-83 | 图4-84 |

鼠标单击"图层2"，使"图层2"成为当前图层，如图4-85所示。鼠标右键单击页面，弹出其快捷菜单，在"排列"命令的子菜单中选择"发送至当前图层"命令，所选对象被发送到当前图层，即"图层2"中，页面效果如图4-86所示，"图层"控制面板如图4-87所示。

| 图4-85 | 图4-86 | 图4-87 |

4.2.2　调整图层

1. 通过改变图层的排列顺序改变图像的排序

图像中对象在页面中的排列顺序，如图4-88所示，在"图层"控制面板中排列的顺序，如图4-89所示。

> **提示**　在"图层"控制面板中图层的排序越靠上，该图层中包含的图像在页面中的排列顺序越靠前。

选中"图层3"并按住鼠标左键不放，将"图层3"向下拖曳至"图层2"的下方，如图4-90所示。释放鼠标后，图像效果如图4-91所示。

图4-88

图4-89

图4-90

图4-91

2. 在图层之间移动图像

选取要移动的对象，如图4-92所示。在"图层3"的右侧出现一个彩色小方块，如图4-93所示。用鼠标单击小方块，将它拖曳到"图层2"上，如图4-94所示。

图4-92

图4-93

图4-94

释放鼠标后，"图层3"中相应的对象随着"图层"控制面板中彩色小方块的移动，移动到了"图层2"中对象的前面。移动后，"图层"控制面板如图4-95所示，图像的效果如图4-96所示。

图4-95

图4-96

4.3 对象的控制

在Illustrator 2020中，可以将多个图形进行编组，从而组合成一个图形组，还可以锁定和隐藏对象。

4.3.1 编组

使用"编组"命令，可以将多个对象组合在一起使其成为一个对象。使用选择工具▶，选取要编组的对象，编组之后，单击任何一个对象，其他对象都会被一起选取。

1. 创建组合

选取要编组的对象，如图4-97所示，选择"对象 > 编组"命令（快捷键为Ctrl+G），将选取的对象组合，组合后的图像，选择其中的任何一个图像，其他的图像也会同时被选取，如图4-98所示。

将多个对象组合后，其外观并没有变化，当对任何一个对象进行编辑时，其他对象也随之发生相应的变化。如果需要单独编辑组合中的个别对象，而不改变其他对象的状态，可以应用编组选择工具进行选取。选择编组选择工具，用鼠标按住要移动的对象不放，拖曳对象到合适的位置，效果如图4-99所示，其他的对象并没有变化。

图4-97

图4-98

图4-99

> **提示**　"编组"命令还可以将几个不同的组合进行进一步的组合，或在组合与对象之间进行进一步的组合。在几个组之间进行组合时，原来的组合并没有消失，它与新得到的组合是嵌套的关系。组合不同图层上的对象，组合后所有的对象将自动移动到最上边对象的图层中，并形成组合。

2. 取消组合

选取要取消组合的对象，如图4-100所示。选择"对象 > 取消编组"命令（快捷键为 Shift+Ctrl+G），取消组合的对象。取消组合后的对象，可通过单击鼠标选取任意一个对象，如图4-101所示。

进行一次"取消编组"命令只能取消一层组合，如两个组合使用"编组"命令得到一个新的组合，应用"取消编组"命令取消这个新组合后，得到两个原始的组合。

图4-100

图4-101

4.3.2 锁定

锁定对象可以防止操作时误选对象，也可以防止当多个对象重叠在一起而只选择一个对象时，其他对象连带被选取。锁定对象包括3个部分：所选对象、上方所有图稿和其他图层。

1. 锁定所选对象

选取要锁定的对象，如图4-102所示。选择"对象 > 锁定 > 所选对象"命令（快捷键为Ctrl+2），将所选对象锁定。锁定后，当其他对象移动时，锁定对象不会随之移动，如图4-103所示。

2. 锁定上方所有图稿

选取一个对象，如图4-104所示。选择"对象 > 锁定 > 上方所有图稿"命令，所选对象之上的两个对象被锁定。当移动所选对象时，另外两个对象不会随之移动，如图4-105所示。

图4-102

图4-103

图4-104

图4-105

3. 锁定其他图层

3个对象分别在不同的图层中，如图4-106所示。选取右下角对象，如图4-107所示。选择"对象 > 锁定 > 其他图层"命令，"图层"控制面板中除了右下角对象所在的图层外，其他图层都被锁定了。被锁定图层的左边将会出现一个锁头🔒图标，如图4-108所示。锁定图层中的对象在页面中也被锁定了。

图4-106

图4-107

图4-108

4. 解除锁定

选择"对象 > 全部解锁"命令（快捷键为Alt+Ctrl+2），被锁定的对象就会被取消锁定。

4.3.3 隐藏

在Illustrator中，可以将当前不重要或已经做好的图像隐藏起来，避免妨碍其他图像的编辑。

隐藏对象包括3个部分：所选对象、上方所有图稿和其他图层。

1. 隐藏所选对象

选取要隐藏的对象，如图4-109所示。选择"对象 > 隐藏 > 所选对象"命令（快捷键为Ctrl+3），所选对象被隐藏起来，效果如图4-110所示。

2. 隐藏上方所有图稿的对象

选取一个对象，如图4-111所示。选择"对象 > 隐藏 > 上方所有图稿"命令，所选对象之外的所有对象都被隐藏，如图4-112所示。

图4-109　　　　　　　　图4-110　　　　　　　　图4-111　　　　　　　　图4-112

3. 隐藏其他图层

选取右下角对象，如图4-113所示。选择"对象 > 隐藏 > 其他图层"命令，"图层"控制面板中除了所选对象所在的图层外，其他图层都被隐藏了，即眼睛 👁 图标消失了，如图4-114所示。其他图层中的图像在页面中都被隐藏了，效果如图4-115所示。

图4-113　　　　　　　　　图4-114　　　　　　　　　图4-115

4. 显示所有对象

当对象被隐藏后，选择"对象 > 显示全部"命令（快捷键为Alt+Ctrl+3），所有对象都将被显示出来。

课堂练习——制作食品线下海报

练习知识要点 使用置入命令置入素材图片，使用矩形工具、添加锚点工具、锚点工具和剪切蒙版命令制作海报背景，使用置入命令、对齐控制面板将图片对齐，使用文字工具和字符控制面板添加宣传文字，效果如图4-116所示。

素材所在位置 学习资源\Ch04\素材\制作食品线下海报\01~10。

效果所在位置 学习资源\Ch04\效果\制作食品线下海报.ai。

图4-116

课后习题——制作钢琴演奏海报

习题知识要点 使用矩形工具、置入命令、透明度控制面板和锁定命令制作海报底图，使用矩形工具、倾斜工具、编组命令和镜像工具制作琴键，使用文字工具和字符控制面板添加内容，效果如图4-117所示。

素材所在位置 学习资源\Ch04\素材\制作钢琴演奏海报\01。

效果所在位置 学习资源\Ch04\效果\制作钢琴演奏海报.ai。

图4-117

第 5 章

颜色填充与描边

本章介绍

    本章将介绍Illustrator 2020中填充工具和命令的使用方法，以及描边和符号的添加和编辑技巧。通过本章的学习，读者可以利用颜色填充和描边功能，绘制出漂亮的图形效果，还可将需要重复应用的图形制作成符号，以提高工作效率。

学习目标

● 掌握5种色彩模式的区别与应用方法。

● 熟练掌握不同的填充方法。

● 熟练掌握描边和符号的使用技巧。

技能目标

● 掌握"风景插画"的绘制方法。

● 掌握"母婴代金券"的制作方法。

5.1 颜色模式

Illustrator 2020提供了RGB、CMYK、Web安全RGB、HSB和灰度5种颜色模式。最常用的是CMYK模式和RGB模式，其中CMYK是默认的颜色模式。不同的颜色模式调配颜色的基本色不同。

5.1.1 RGB模式

RGB模式源于有色光的三原色原理。它是一种加色模式，通过红、绿、蓝3种颜色相叠加而产生更多的颜色。同时，RGB也是色光的颜色模式。在编辑图像时，RGB颜色模式应是最佳的选择。因为它可以提供全屏幕的多达24位的色彩范围。RGB模式的"颜色"控制面板如图5-1所示，可以在控制面板中设置R、G、B的值。

图5-1

5.1.2 CMYK模式

CMYK模式主要应用在印刷领域。它通过反射某些颜色的光并吸收另外一些颜色的光来产生不同的颜色，是一种减色模式。CMYK代表了印刷上用的4种油墨：C代表青色，M代表洋红色，Y代表黄色，K代表黑色。CMYK模式的"颜色"控制面板如图5-2所示，可以在控制面板中设置C、M、Y、K的值。

CMYK模式是图片、插图等最常用的一种印刷方式。在印刷中通常都要进行四色分色，出四色胶片，然后再进行印刷。

图5-2

5.1.3 灰度模式

灰度模式又叫8位深度图。每个像素用8个二进制位表示，能产生2^8（即256级）灰色调。当一个彩色模式文件被转换为灰度模式文件时，所有的颜色信息都将从文件中丢失。

灰度模式的图像中存在256种灰度级，灰度模式只有1个亮度调节滑杆，0代表白色，100代表黑色。灰度模式经常应用在成本相对较低的黑白印刷中。另外，将彩色模式转换为双色调模式或位图模式时，必须先转换为灰度模式，然后由灰度模式转换为双色调模式或位图模式。灰度模式的"颜色"控制面板如图5-3所示，可以在其中设置灰度的值。

图5-3

5.2 颜色填充

Illustrator 2020用于填充的内容包括"色板"控制面板中的单色对象、图案对象和渐变对象，以及"颜色"控制面板中的自定义颜色。另外，"色板库"提供了多种外挂的色谱、渐变对象和图案对象。

5.2.1 填充工具

应用工具箱中的填充和描边工具 ，可以指定所选对象的填充颜色和描边颜色。单击按钮 ↰（快捷键为X）时，可以切换填色显示框和描边显示框的位置。按Shift+X组合键时，可使选定对象的颜色在填充和描边填充之间切换。

在填色和描边工具 下面有3个按钮 □□◢，它们分别是"颜色"按钮、"渐变"按钮和"无"按钮。

5.2.2 "颜色"控制面板

Illustrator通过"颜色"控制面板设置对象的填充颜色。单击"颜色"控制面板右上方的图标 ☰，在弹出式菜单中选择当前取色时使用的颜色模式。无论选择哪一种颜色模式，控制面板中都将显示出相关的颜色内容，如图5-4所示。

选择"窗口 > 颜色"命令，弹出"颜色"控制面板。"颜色"控制面板上的按钮 用来进行填充颜色和描边颜色之间的切换，操作方法与工具箱中按钮 的使用方法相同。

将光标移动到取色区域，光标变为吸管形状，单击即可选取颜色。拖曳各个颜色滑块或在各个数值框中输入有效的数值，可以调配出更精确的颜色，如图5-5所示。

更改或设定对象的描边颜色时，单击选取已有的对象，在"颜色"控制面板中切换到描边颜色 ◨，选取或调配出新颜色，这时新选的颜色将被应用到当前选定对象的描边中，如图5-6所示。

图5-4

图5-5

图5-6

5.2.3 "色板"控制面板

选择"窗口 > 色板"命令，弹出"色板"控制面板，在"色板"控制面板中单击需要的颜色或样本，可以将其选中，如图5-7所示。

图5-7

"色板"控制面板提供了多种颜色和图案，并且允许添加并存储自定义的颜色和图案。单击"显示'色板类型'菜单"按钮 ，可以使所有的样本显示出来；单击"色板选项"按钮 ，可以打开"色板选项"对话框；单击"新建颜色组"按钮 ，可以新建颜色组；"新建色板"按钮 用于定义和新建新的样本；"删除色板"按钮 可以将选定的样本从"色板"控制面板中删除。

Illustrator 2020除了"色板"控制面板中默认的样本外，其"色板库"中还提供了多种色板。选择"窗口 > 色板库"命令，或单击"色板"控制面板左下角的"'色板库'菜单"按钮 ，其子菜单中包括不同的样本可供选择。

单击"打开颜色主题面板"按钮 ，弹出"Adobe Color Themes"面板，可以试用、创建和共享在项目中使用的颜色。

单击"将选定色板和颜色组添加到我的当前库"按钮 ，可以在应用程序之间共享色板。

绘制一个图形，如图5-8所示，单击填色工具，如图5-9所示。选择"窗口 > 色板"命令，弹出"色板"控制面板，在"色板"控制面板中单击需要的颜色或图案，对图形内部进行填充，效果如图5-10所示。

图5-8

图5-9

图5-10

5.3 渐变填充

渐变填充是指两种或多种不同颜色在同一条直线上逐渐过渡填充。建立渐变填充有多种方法，可以使用渐变工具 ，也可以使用"渐变"控制面板和"颜色"控制面板来设置选定对象的渐变颜色，还可以使用"色板"控制面板中的渐变样本。

5.3.1 课堂案例——绘制风景插画

案例学习目标 学习使用填充和渐变工具绘制风景插画。

案例知识要点 使用渐变工具、渐变控制面板填充背景、山和土丘，使用颜色控制面板填充树干图形，使用网格工具添加并填充网格点，风景插画效果如图5-11所示。

效果所在位置 学习资源\Ch05\效果\绘制风景插画.ai。

图5-11

01 按Ctrl+O组合键，打开学习资源中的"Ch05\素材\绘制风景插画\01"文件，如图5-12所示。选择选择工具 ▶，选取背景矩形，双击渐变工具 ■，弹出"渐变"控制面板，选中"线性渐变"按钮 ■，在色带上设置两个渐变滑块，分别将渐变滑块的位置设置为0、100，并设置R、G、B的值分别为0（255、234、179）、100（235、108、40），其他设置如图5-13所示，图形被填充为渐变色，并设置描边色为无，效果如图5-14所示。

图5-12　　　　　　　　　　　　图5-13　　　　　　　　　　　　图5-14

02 选择选择工具 ▶，选取山峰图形，在"渐变"控制面板中选中"线性渐变"按钮 ■，在色带上设置两个渐变滑块，分别将渐变滑块的位置设置为0、100，并设置R、G、B的值分别为0（235、189、26）、100（255、234、179），其他设置如图5-15所示，图形被填充为渐变色，并设置描边色为无，效果如图5-16所示。

图5-15　　　　　　　　　　　　图5-16

03 选择选择工具 ▶，选取土丘图形，在"渐变"控制面板中选中"线性渐变"按钮 ■，在色带上设置两个渐变滑块，分别将渐变滑块的位置设置为10、100，并设置R、G、B的值分别为10（108、216、157）、100（50、127、123），其他设置如图5-17所示，图形被填充为渐变色，并设置描边色为无，效果如图5-18所示。用相同的方法分别为其他图形填充相应的渐变色，效果如图5-19所示。

图5-17　　　　　　　　　　　　图5-18　　　　　　　　　　　　图5-19

04 选择编组选择工具 ，选取树叶图形，如图5-20所示，在"渐变"控制面板中选中"线性渐变"按钮 ，在色带上设置两个渐变滑块，分别将渐变滑块的位置设置为8、86，并设置R、G、B的值分别为8（11、67、74）、86（122、255、191），其他设置如图5-21所示，图形被填充为渐变色，并设置描边色为无，效果如图5-22所示。

图5-20

图5-21

图5-22

05 选择编组选择工具 ，选取树干图形，如图5-23所示，选择"窗口 > 颜色"命令，在弹出的"颜色"控制面板中进行设置，如图5-24所示；按Enter键确定操作，效果如图5-25所示。

图5-23

图5-24

图5-25

06 选择选择工具 ，选取树木图形，按住Alt键的同时，向右拖曳图形到适当的位置，复制图形，并调整其大小，效果如图5-26所示。按Ctrl+ [组合键，将图形后移一层，效果如图5-27所示。

07 选择编组选择工具 ，选取小树干图形，在"渐变"控制面板中选中"线性渐变"按钮 ，在色带上设置两个渐变滑块，分别将渐变滑块的位置设置为0、100，并设置R、G、B的值分别为0（85、224、187）、100（255、234、179），其他设置如图5-28所示，图形被填充为渐变色，并设置描边色为无，效果如图5-29所示。

图5-26

图5-27

图5-28

图5-29

08 用相同的方法复制其他树木图形并分别调整其大小和排序，效果如图5-30所示。选择选择工具▶，按住Shift键的同时，依次选取云彩图形，填充图形为白色，并设置描边色为无，效果如图5-31所示。在属性栏中将"不透明度"设置为20%，按Enter键确定操作，效果如图5-32所示。

图5-30

图5-31

图5-32

09 选择选择工具▶，选取太阳图形，填充图形为白色，并设置描边色为无，效果如图5-33所示。在属性栏中将"不透明度"设置为80%，按Enter键确定操作，效果如图5-34所示。

图5-33

图5-34

10 选择网格工具▦，在圆形中心位置单击，添加网格点，如图5-35所示。设置网格点颜色（其R、G、B的值分别为255、246、127），填充网格，效果如图5-36所示。选择选择工具▶，在页面空白处单击，取消选取状态，效果如图5-37所示。风景插画绘制完成。

图5-35

图5-36

图5-37

5.3.2 创建渐变填充

选择绘制好的图形，如图5-38所示。单击工具箱下部的"渐变"按钮■，对图形进行渐变填充，效果如图5-39所示。选择渐变工具■，在需要添加渐变的位置单击设定渐变的起点并按住鼠标左键拖曳，松开鼠标确定渐变的终点，如图5-40所示，渐变填充的效果如图5-41所示。

图5-38　　　　　　图5-39　　　　　　图5-40　　　　　　图5-41

在"色板"控制面板中单击需要的渐变样本，对图形进行渐变填充，效果如图5-42所示。

图5-42

5.3.3 "渐变"控制面板

在"渐变"控制面板中可以设置渐变参数，可选择"线性渐变""径向渐变"或"任意形状渐变"，可以设置渐变的起始、中间和终止颜色，还可以设置渐变的位置和角度。

双击渐变工具■或选择"窗口 > 渐变"命令（快捷键为Ctrl+F9），弹出"渐变"控制面板，如图5-43所示。从"类型"选项组中可以选择"线性渐变""径向渐变"或"任意形状渐变"方式，如图5-44所示。

在"角度"选项的数值框中显示当前的渐变角度，重新输入数值后按下Enter键，可以改变渐变的角度，如图5-45所示。

图5-43　　　　　　　图5-44　　　　　　　　　图5-45

单击"渐变"控制面板下面的颜色滑块，在"位置"选项的数值框中显示该滑块在渐变颜色中颜色位置的百分比，如图5-46所示；拖动该滑块，可以改变该颜色的位置，即改变颜色的渐变梯度，如图5-47所示。

在渐变色谱条底边单击，可以添加一个颜色滑块，如图5-48所示。在"颜色"控制面板中可以调整颜色值，如图5-49所示，改变添加的颜色滑块的颜色，如图5-50所示。用鼠标按住颜色滑块不放并将其拖出"渐变"控制面板，可以直接删除颜色滑块。

| 图5-46 | 图5-47 | 图5-48 | 图5-49 | 图5-50 |

双击渐变色谱条上的颜色滑块，弹出颜色面板，可以快速地选取所需的颜色。

5.3.4 渐变填充的样式

1. 线性渐变填充

线性渐变填充是一种比较常用的渐变填充方式，通过"渐变"控制面板，可以精确地指定线性渐变的起始和终止颜色，还可以调整渐变方向。通过调整中心点的位置，可以生成不同的颜色渐变效果。

选择绘制好的图形，如图5-51所示。双击渐变工具▣，弹出"渐变"控制面板。在"渐变"控制面板色谱条中，显示默认的白色到黑色的线性渐变样式，如图5-52所示。在"渐变"控制面板的"类型"选项组中，单击"线性渐变"按钮▣，如图5-53所示，图形将被线性渐变填充，如图5-54所示。

| 图5-51 | 图5-52 | 图5-53 | 图5-54 |

单击"渐变"控制面板中的起始颜色游标○，如图5-55所示，然后在"颜色"控制面板中调配所需的颜色，可以设置渐变的起始颜色。再单击终止颜色游标●，如图5-56所示，设置渐变的终止颜色，效果如图5-57所示，图形的线性渐变填充效果如图5-58所示。

图5-55

图5-56

图5-57

图5-58

拖动色谱条上边的控制滑块，可以改变颜色的渐变位置，如图5-59所示，同时"位置"数值框中的数值发生变化。设置"位置"数值框中的数值也可以改变颜色的渐变位置，图形的线性渐变填充效果也随之改变，如图5-60所示。

图5-59

图5-60

如果要改变颜色渐变的方向，选择渐变工具后直接在图形中拖曳即可。当需要精确地改变渐变方向时，可通过"渐变"控制面板中的"角度"选项来控制图形的渐变方向。

2. 径向渐变填充

径向渐变填充是Illustrator 2020的另一种渐变填充类型，与线性渐变填充不同，它是从起始颜色开始以圆的形式向外发散，逐渐过渡到终止颜色。它的起始颜色和终止颜色，以及渐变填充中心点的位置都是可以改变的。使用径向渐变填充可以生成多种渐变填充效果。

选择绘制好的图形，如图5-61所示。双击渐变工具，弹出"渐变"控制面板。在"渐变"控制面板色谱条中，显示默认的白色到黑色的线性渐变样式，如图5-62所示。在"渐变"控制面板的"类型"选项组中，单击"径向渐变"按钮，如图5-63所示，图形将被径向渐变填充，效果如图5-64所示。

图5-61

图5-62

图5-63

图5-64

单击"渐变"控制面板中的起始颜色游标○或终止颜色游标◉，然后在"颜色"控制面板中调配颜色，即可改变图形的渐变颜色，效果如图5-65所示。拖动色谱条上边的控制滑块，可以改变颜色的中心渐变位置，效果如图5-66所示。使用渐变工具▣绘制，可改变径向渐变的中心位置，效果如图5-67所示。

图5-65　　　　　　　　　　图5-66　　　　　　　　　　图5-67

3. 任意形状渐变填充

任意形状渐变填充可以在某个形状内使色标形成逐渐过渡的混合效果，可以是有序混合，也可以是随意混合，混合的效果更自然。

选择绘制好的图形，如图5-68所示。双击渐变工具▣，弹出"渐变"控制面板。在"渐变"控制面板色谱条中，显示默认的白色到黑色的线性渐变样式，如图5-69所示。在"渐变"控制面板的"类型"选项组中，单击"任意形状渐变"按钮▣，如图5-70所示，图形将被任意形状渐变填充，效果如图5-71所示。

图5-68　　　　　　　图5-69　　　　　　　图5-70　　　　　　　图5-71

在"绘制"选项组中点选"点"单选项，可以在对象中创建单独点形式的色标，如图5-72所示；点选"线"单选项，可以在对象中创建段形式的色标，如图5-73所示。

图5-72　　　　　　　图5-73

在对象中将鼠标光标放置在线上，光标变为 图标，如图5-74所示，单击可以添加一个色标，如图5-75所示；在"颜色"控制面板中调配颜色，即可改变图形的渐变颜色，如图5-76所示。

在对象中按住鼠标拖曳色标，可以移动色标位置，如图5-77所示；在"渐变"控制面板的"色标"选项组中，单击"删除色标"按钮 ，可以删除选中的色标，如图5-78所示。

图5-74　　　　图5-75　　　　图5-76　　　　图5-77　　　　图5-78

在"点"模式下，"扩展"选项被激活，可以设置色标周围的环形区域，默认情况下，色标的扩展幅度取值范围为0%~100%。

5.4 图案填充

图案填充是绘制图形的重要手段，使用合适的图案进行填充可以使绘制的图形更加生动形象。

5.4.1 使用图案填充

选择"窗口 > 色板库 > 图案"命令，可以在打开的面板中选择自然、装饰等多种图案填充图形，如图5-79所示。

绘制一个图形，如图5-80所示。在工具箱下方选择"描边"按钮，再在"Vonster图案"控制面板中选择需要的图案，如图5-81所示。图案就填充到了图形的描边上，效果如图5-82所示。

图5-79　　　　图5-80　　　　图5-81　　　　图5-82

在工具箱下方选择"填充"按钮，在"Vonster图案"控制面板中单击选择需要的图案，如图5-83所示。图案即可填充到图形的内部，效果如图5-84所示。

图5-83　　　　图5-84

5.4.2　创建图案填充

在Illustrator 2020中可以将基本图形定义为图案，作为图案的图形不能包含渐变、渐变网格、图案和位图。

使用星形工具★绘制3个星形，同时选取3个星形，如图5-85所示。选择"对象 > 图案 > 建立"命令，弹出提示框和"图案选项"面板，如图5-86所示，同时页面进入"图案编辑模式"，单击提示框中的"确定"按钮，在面板中可以设置图案的名称、大小和重叠方式等，设置完成后，单击页面左上方的"完成"按钮，定义的图案就添加到"色板"控制面板中了，如图5-87所示。

图5-85　　　　　　　　　　图5-86　　　　　　　　　　图5-87

在"色板"控制面板中单击新定义的图案并将其拖曳到页面上，如图5-88所示。选择"对象 > 取消编组"命令，取消图案组合，可以重新编辑图案，效果如图5-89所示。选择"对象 > 编组"命令，将新编辑的图案组合后拖曳到"色板"控制面板中，如图5-90所示，在"色板"控制面板中添加了新定义的图案，如图5-91所示。

图5-88　　　　　　　图5-89　　　　　　　图5-90　　　　　　　图5-91

使用多边形工具⬡绘制一个多边形，如图5-92所示。在"色板"控制面板中单击新定义的图案，如图5-93所示，多边形的图案填充效果如图5-94所示。

Illustrator 2020自带一些图案库。选择"窗口>图形样式库"子菜单下的各种样式，可以加载不同的样式库，"其他库"命令可以用来加载外部样式库。

图5-92　　　　　　　图5-93　　　　　　　图5-94

5.5 渐变网格填充

应用渐变网格功能可以使图形颜色产生细微的变化，也可以对图形应用多个方向、多种颜色的渐变填充。

5.5.1 创建渐变网格

应用"网格"工具可以在图形中形成网格，使图形颜色的变化更加柔和自然。

1. 使用网格工具建立渐变网格

使用椭圆工具 绘制一个椭圆形并保持其被选取的状态，如图5-95所示。选择网格工具 ，在椭圆形中单击，将椭圆形建立为渐变网格对象，在椭圆形中增加了横竖两条线交叉形成的网格，如图5-96所示。继续在椭圆形中单击，可以增加新的网格，效果如图5-97所示。

图5-95

图5-96

图5-97

在网格中横竖两条线交叉的点就是网格点，而横、竖线就是网格线。

2. 使用"创建渐变网格"命令创建渐变网格

使用椭圆工具 绘制一个椭圆形并保持其被选取的状态，如图5-98所示。选择"对象 > 创建渐变网格"命令，弹出"创建渐变网格"对话框，如图5-99所示，设置数值后，单击"确定"按钮，可以为图形创建渐变网格，如图5-100所示。

图5-98

图5-99

图5-100

在"创建渐变网格"对话框中，"行数"选项的数值框中可以输入水平方向网格线的数量；"列数"选项的数值框中可以输入垂直方向网络线的数量；在"外观"选项的下拉列表中可以选择创建渐变网格后图形高光部位的表现方式，有平淡色、至中心、至边缘3种方式可以选择；在"高光"选项的数值框中可以设置高光处的强度，当数值为0时，图形没有高光点，而是以均匀的颜色填充。

5.5.2 编辑渐变网格

1. 添加网格点

使用椭圆工具绘制一个椭圆形并保持其被选取的状态，如图5-101所示，选择网格工具在椭圆形中单击，建立渐变网格对象，如图5-102所示。在椭圆形中的其他位置再次单击，可以添加网格点，如图5-103所示，同时添加了网格线。在网格线上再次单击，可以继续添加网格点，如图5-104所示。

图5-101

图5-102

图5-103

图5-104

2. 删除网格点

使用网格工具，按住Alt键的同时，将鼠标光标移至网格点，光标变为图标，如图5-105所示，单击网格点即可将网格点删除，如图5-106所示。

图5-105

图5-106

3. 编辑网格颜色

使用直接选择工具单击选中网格点，如图5-107所示，在"色板"控制面板中单击需要的颜色块，如图5-108所示，可以为网格点填充颜色，效果如图5-109所示。

图5-107

图5-108

图5-109

使用直接选择工具单击选中网格，如图5-110所示，在"色板"控制面板中单击需要的颜色块，如图5-111所示，可以为网格填充颜色，效果如图5-112所示。

图5-110

图5-111

图5-112

使用直接选择工具 ▷，按住网格点并拖曳，可以移动网格点，效果如图5-113所示。拖曳网格点的控制手柄可以调节网格线，效果如图5-114所示。

图5-113

图5-114

5.6 编辑描边

描边其实就是对象的描边线，对描边进行填充时，还可以对其进行一定的设置，如更改描边的形状、粗细及设置为虚线描边等。

"图形样式"控制面板是Illustrator 2020中比较重要的控制面板，在"图形样式"控制面板中有多种已经预设好的填充和描边填充图案供用户选择。

5.6.1 "描边"控制面板

选择"窗口 > 描边"命令（快捷键为Ctrl+F10），弹出"描边"控制面板，如图5-115所示。"描边"控制面板主要用来设置对象描边的属性，如粗细、边角等。

在"描边"控制面板中，通过"粗细"选项设置描边的宽度；"端点"选项组指定描边各线段的首端和尾端的形状样式，它有平头端点 ▣、圆头端点 ▣ 和方头端点 ▣ 3种不同的端点样式；"边角"选项组指定描边的拐角形状，它有斜接连接 ▣、圆角连接 ▣ 和斜角连接 ▣ 3种拐角接合形式；"限制"选项用于设置斜角的长度，它决定描边沿路径改变方向时伸展的长度；"对齐描边"选项组用于设置描边与路径的对齐方式，分别为使描边居中对齐 ▣、使描边内侧对齐 ▣ 和使描边外侧对齐 ▣；勾选"虚线"复选项可以创建描边的虚线效果。

图5-115

5.6.2 描边的粗细

当需要设置描边的宽度时，要用到"粗细"选项，可以在其下拉列表中选择合适的粗细值，也可以直接输入合适的数值。

单击工具箱下方的描边按钮，使用星形工具 ☆ 绘制一个星形并保持其被选取的状态，如图5-116所示。在"描边"控制面板中"粗细"选项的下拉列表中选择需要的描边粗细值，或者直接输入合适的数值。此处设置粗细数值为20pt，如图5-117所示；星形的描边粗细被改变，效果如图5-118所示。

图5-116   图5-117   图5-118

5.6.3 描边的填充

保持星形处于被选取的状态，如图5-119所示。在"色板"控制面板中单击选取所需的填充样本，对象描边的填充效果如图5-120所示。

图5-119   图5-120

保持星形处于被选取的状态，如图5-121所示。在"颜色"控制面板中调配所需的颜色，如图5-122所示，或双击工具箱下方的"描边填充"按钮▣，弹出"拾色器"对话框，如图5-123所示。在对话框中可以调配所需的颜色，对象描边的颜色填充效果如图5-124所示。

图5-121   图5-122   图5-123   图5-124

5.6.4 编辑描边的样式

1. "限制"选项

"限制"选项可以设置描边沿路径改变方向时的伸展长度，可以在其下拉列表中选择所需的数值，也可以在数值框中直接输入合适的数值。将"限制"选项分别设置为2和20时的对象描边效果如图5-125所示。

图5-125

2. "端点"和"边角"选项

端点是指一段描边的首端和末端，为描边的首端和末端选择不同的顶点样式可以改变描边顶点的形状。使用钢笔工具 绘制一段描边，单击"描边"控制面板中3个不同端点样式的按钮 ，选定的端点样式会应用到选定的描边中，如图5-126所示。

平头端点　　　　　　　　　圆头端点　　　　　　　　方头端点

图5-126

边角是指一段描边的拐点，边角样式就是指描边拐角处的形状。绘制多边形的描边，单击"描边"控制面板中3个不同边角样式的按钮 ，选定的边角样式会应用到选定的描边中，如图5-127所示。

斜接连接　　　　　　　　　圆角连接　　　　　　　　斜角连接

图5-127

3. "虚线"选项

虚线选项里包括6个数值框，勾选"虚线"复选项，数值框被激活，第1个数值框默认的虚线值为12pt，如图5-128所示。

"虚线"选项用来设定每一段虚线的长度，在数值框中输入的数值越大，虚线的长度就越长；输入的数值越小，虚线的长度就越短。设置不同虚线长度值的描边效果如图5-129所示。

"间隙"选项用来设定虚线段之间的距离，输入的数值越大，虚线段之间的距离越大；输入的数值越小，虚线段之间的距离越小。设置不同虚线间隙的描边效果如图5-130所示。

图5-128

图5-129

图5-130

4."箭头"选项

在"描边"控制面板中有两个可供选择的下拉列表按钮箭头：─∨ ─∨，左侧的是"起点的箭头"─∨，右侧的是"终点的箭头"─∨。选中要添加箭头的曲线，如图5-131所示。单击"起点的箭头"按钮─∨，弹出"起点的箭头"下拉列表框，单击需要的箭头样式，如图5-132所示。曲线的起始点会出现选择的箭头，效果如图5-133所示。单击"终点的箭头"按钮─∨，弹出"终点的箭头"下拉列表框，单击需要的箭头样式，如图5-134所示。曲线的终点会出现选择的箭头，效果如图5-135所示。

图5-131　　　　图5-132

图5-133　　　　图5-134

图5-135

"互换箭头起始处和结束处"按钮⇄可以互换起始箭头和终点箭头。选中曲线，如图5-136所示。在"描边"控制面板中单击"互换箭头起始处和结束处"按钮⇄，如图5-137所示，效果如图5-138所示。

图5-136　　　　　　　图5-137　　　　　　　图5-138

在"缩放"选项中，左侧的是"箭头起始处的缩放因子"按钮○100%，右侧的是"箭头结束处的缩放因子"按钮○100%，设置需要的数值，可以缩放曲线的起始箭头和结束箭头的大小。选中要缩放的曲线，如图5-139所示。单击"箭头起始处的缩放因子"按钮○100%，将"箭头起始处的缩放因子"设置为200%，如图5-140所示，效果如图5-141所示。单击"箭头结束处的缩放因子"按钮○100%，将"箭头结束处的缩放因子"设置为200%，效果如图5-142所示。

单击"缩放"选项右侧的"链接箭头起始处和结束处缩放"按钮⊗，可以同时改变起始箭头和结束箭头的大小。

图5-139　　　　　图5-140　　　　　图5-141　　　　　图5-142

在"对齐"选项中，左侧的是"将箭头提示扩展到路径终点外"按钮⇥，右侧的是"将箭头提示放置于路径终点处"按钮⇥，这两个按钮分别可以设置箭头在终点外和箭头在终点处。选中曲线，如图5-143所示。单击"将箭头提示扩展到路径终点外"按钮⇥，如图5-144所示，效果如图5-145所示。单击"将箭头提示放置于路径终点处"按钮⇥，箭头在终点处显示，效果如图5-146所示。

图5-143

图5-144

图5-145

图5-146

在"配置文件"选项中单击"配置文件"按钮 ——— 等比 ，弹出宽度配置文件下拉列表，如图5-147所示。在下拉列表中选中任意一个宽度配置文件可以改变曲线描边的形状。选中曲线，如图5-148所示，单击"配置文件"按钮 ——— 等比 ，在弹出的下拉列表中选中任意一个宽度配置文件，如图5-149所示，效果如图5-150所示。

图5-147

图5-148

图5-149

图5-150

在"配置文件"选项右侧有两个按钮，分别是"纵向翻转"按钮和"横向翻转"按钮。选中"纵向翻转"按钮，可以改变曲线描边的左右位置；选中"横向翻转"按钮，可以改变曲线描边的上下位置。

5.7 使用符号

符号是一种能存储在"符号"控制面板中，并且在一个插图中可以多次重复使用的对象。Illustrator 2020的"符号"控制面板专门用来创建、存储和编辑符号。

当需要在一个插图中多次制作同样的对象，并需要对对象进行多次类似的编辑操作时，可以使用符号来完成，以提高效率、节省时间。例如，在一个网站设计中多次应用到一个按钮的图样，这时就可以将这个按钮的图样定义为符号范例，对按钮符号进行多次重复使用。利用符号体系工具组中的相应工具可以对符号范例进行各种编辑操作。默认设置下的"符号"控制面板如图5-151所示。

如果在插图中应用了符号集合，那么当使用选择工具选取符号范例时，整个符号集合会同时被选中。此时，被选中的符号集合只能被移动，而不能被编辑。图5-152所示为应用到插图中的符号范例与符号集合。

图5-151

图5-152

提示 Illustrator 2020中的各种对象，如普通的图形、文本对象、复合路径、渐变网格等均可以被定义为符号。

5.7.1 课堂案例——制作母婴代金券

案例学习目标 学习使用符号面板制作母婴代金券。

案例知识要点 使用文字工具、字符控制面板添加标题文字，使用庆祝符号面板添加符号图形，使用不透明度选项改变符号图形的透明度，母婴代金券效果如图5-153所示。

效果所在位置 学习资源\Ch05\效果\制作母婴代金券.ai。

图5-153

01 按Ctrl+O组合键，打开学习资源中的"Ch05\素材\制作母婴代金券\01"文件，效果如图5-154所示。

02 选择文字工具 T，在页面中分别输入需要的文字，选择选择工具 ▶，在属性栏中分别选择合适的字体并设置文字大小，效果如图5-155所示。

图5-154

图5-155

03 选择选择工具 ▶，选取文字"妈咪咿呀"，设置文字填充色（其C、M、Y、K的值分别为8、37、89、0），填充文字，效果如图5-156所示。选取文字"代金券100元"，填充文字为白色，效果如图5-157所示。

图5-156

图5-157

04 按Ctrl+T组合键，弹出"字符"控制面板，将"水平缩放" $\mathbf{I}$ 设置为80%，其他设置如图5-158所示；按Enter键确定操作，效果如图5-159所示。

图5-158

图5-159

05 选取数字"100"，在"字符"控制面板中选择合适的字体，如图5-160所示，效果如图5-161所示。

图5-160

图5-161

06 选择"窗口 > 符号库 > 庆祝"命令，弹出"庆祝"符号面板，选取需要的符号，如图5-162所示，拖曳符号到页面中适当的位置并调整其大小，效果如图5-163所示。

图5-162

图5-163

07 在属性栏中单击"断开链接"按钮，断开符号链接，效果如图5-164所示。选择编组选择工具，选取需要的曲线，填充描边为黑色，效果如图5-165所示。

图5-164

图5-165

08 选择选择工具 ▶，选取符号，如图5-166所示，双击镜像工具 ▶ᐸ，弹出"镜像"对话框，选项设置如图5-167所示；单击"确定"按钮，镜像图形，效果如图5-168所示。

09 选择选择工具 ▶，按住Alt键的同时，向下拖曳符号到适当的位置，复制符号并调整其大小，效果如图5-169所示。

图5-166

图5-167

图5-168

图5-169

10 在"庆祝"符号面板中选取需要的符号，如图5-170所示，拖曳符号到页面外，效果如图5-171所示。

图5-170

图5-171

11 在属性栏中单击"断开链接"按钮，断开符号链接，按Shift+Ctrl+G组合键，取消图形编组，效果如图5-172所示。选择选择工具 ▶，选取黄色星形，如图5-173所示，将其拖曳到页面中适当的位置，并调整其大小，效果如图5-174所示。

图5-172

图5-173

图5-174

12 选取桃红色星形，如图5-175所示，将其拖曳到页面中适当的位置，并调整其大小，效果如图5-176所示。设置符号填充色（其C、M、Y、K的值分别为43、11、37、0），填充图形，效果如图5-177所示。

图5-175　　　　　　　　　　　　图5-176　　　　　　　　　　　　图5-177

13 在属性栏中将"不透明度"设置为50%，按Enter键确定操作，效果如图5-178所示。用相同的方法添加其他符号图形，效果如图5-179所示。母婴代金券制作完成。

图5-178　　　　　　　　　　　　　　　　　　图5-179

5.7.2 "符号"控制面板

　　"符号"控制面板具有创建、编辑和存储符号的功能。单击控制面板右上方的图标≡，弹出其下拉菜单，如图5-180所示。

图5-180

　　在"符号"控制面板下边有以下6个按钮。

　　"符号库菜单"按钮 ▥：包含了多种符号库，可以选择调用。

　　"置入符号实例"按钮 ⬐：将当前选中的一个符号范例放置在页面的中心。

　　"断开符号链接"按钮 ⟲：使添加到插图中的符号范例与"符号"控制面板断开链接。

　　"符号选项"按钮 ▤：单击该按钮可以打开"符号选项"对话框，进行相关设置。

　　"新建符号"按钮 ▣：单击该按钮可以将选中的、要定义为符号的对象添加到"符号"控制面板中作为符号。

　　"删除符号"按钮 ▥：单击该按钮可以删除"符号"控制面板中被选中的符号。

5.7.3 创建和应用符号

1. 创建符号

将选中的对象直接拖曳到"符号"控制面板中，弹出"符号选项"对话框，单击"确定"按钮，可以创建符号，如图5-181所示。

图5-181

2. 应用符号

在"符号"控制面板中选中需要的符号，直接将其拖曳到当前插图中，得到一个符号范例，如图5-182所示。

使用符号喷枪工具 可以同时创建多个符号范例，并且可以将它们作为一个符号集合。

图5-182

5.7.4 使用符号工具

Illustrator 2020工具箱的符号工具组中提供了8个符号工具，展开的符号工具组如图5-183所示。

符号喷枪工具 ：创建符号集合，可以将"符号"控制面板中的符号对象应用到插图中。

符号移位器工具 ：移动符号范例。

符号紧缩器工具 ：对符号范例进行缩紧变形。

符号缩放器工具 ：对符号范例进行放大操作。按住Alt键，可以对符号范例进行缩小操作。

符号旋转器工具 ：对符号范例进行旋转操作。

符号着色器工具 ：使用当前颜色为符号范例填色。

符号滤色器工具 ：增加符号范例的透明度。按住Alt键，可以减小符号范例的透明度。

符号样式器工具 ：将当前样式应用到符号范例中。

设置符号工具的属性，双击任意一个符号工具将弹出"符号工具选项"对话框，如图5-184所示。

图5-183

图5-184

"直径"选项：设置笔刷直径的数值。这时的笔刷指的是选取符号工具后，光标的形状。

"强度"选项：设定拖曳鼠标时，符号范例随鼠标变化的速度。数值越大，被操作的符号范例变化越快。

"符号组密度"选项：设定符号集合中包含符号范例的密度。数值越大，符号集合所包含的符号范例的数目就越多。

"显示画笔大小和强度"复选框：勾选该复选框，在使用符号工具时可以看到笔刷，不勾选该复选框则隐藏笔刷。

使用符号工具应用符号的具体操作如下。

选择符号喷枪工具 ，光标将变成一个中间有喷壶的圆形，如图5-185所示。在"符号"控制面板中选取一种需要的符号对象，如图5-186所示。

在页面上按住鼠标左键不放并拖曳，符号喷枪工具将沿着拖曳的轨迹喷射出多个符号范例，这些符号范例将组成一个符号集合，如图5-187所示。

图5-185

图5-186

图5-187

选中符号集合，再选择符号移位器工具 ，将光标移到要移动的符号范例上按住鼠标左键不放并拖曳，在光标之中的符号范例将随其移动，如图5-188所示。

选中符号集合，选择符号紧缩器工具 ，将光标移到要使用符号紧缩器工具的符号范例上，按住鼠标左键不放并拖曳，符号范例被紧缩，如图5-189所示。

选中符号集合，选择符号缩放器工具 ，将光标移到要调整的符号范例上，按住鼠标左键不放并拖曳，光标之中的符号范例将变大，如图5-190所示。按住Alt键，则可缩小符号范例。

图5-188　　　　　　　　图5-189　　　　　　　　图5-190

选中符号集合，选择符号旋转器工具，将光标移到要旋转的符号范例上，按住鼠标左键不放并拖曳，光标中的符号范例将发生旋转，如图5-191所示。

在"色板"控制面板或"颜色"控制面板中设定一种颜色作为当前色，选中符号集合，选择符号着色器工具，将光标移到要填充颜色的符号范例上，按住鼠标左键不放并拖曳，在光标中的符号范例被填充上当前色，如图5-192所示。

图5-191　　　　　　　　　　　　图5-192

选中符号集合，选择符号滤色器工具，将光标移到要改变透明度的符号范例上，按住鼠标左键不放并拖曳，在光标中的符号范例的透明度将被增大，如图5-193所示。按住Alt键，可以减小符号范例的透明度。

选中符号集合，选择符号样式器工具，在"图形样式"控制面板中选中一种样式，将光标移到要改变样式的符号范例上，按住鼠标左键不放并拖曳，在光标中的符号范例将被改变样式，如图5-194所示。

选中符号集合，选择符号喷枪工具，按住Alt键，在要删除的符号范例上按住鼠标左键不放并拖曳，光标经过的区域中的符号范例被删除，如图5-195所示。

图5-193　　　　　　　图5-194　　　　　　　图5-195

课堂练习——绘制餐饮图标

练习知识要点 使用矩形工具、变换控制面板、直接选择工具和渐变工具绘制杯子，使用椭圆工具、添加锚点工具、矩形工具和画笔控制面板绘制杯口及吸管，效果如图5-196所示。

素材所在位置 学习资源\Ch05\素材\绘制餐饮图标\01。

效果所在位置 学习资源\Ch05\效果\绘制餐饮图标.ai。

图5-196

课后习题——绘制许愿灯插画

习题知识要点 使用钢笔工具、椭圆工具、路径查找器命令和渐变工具绘制许愿灯，使用符号控制面板、符号喷枪工具定义并绘制符号，使用符号缩放器工具、符号旋转器工具和符号滤色器工具调整符号大小、旋转角度和透明度，效果如图5-197所示。

素材所在位置 学习资源\Ch05\素材\绘制许愿灯插画\01。

效果所在位置 学习资源\Ch05\效果\绘制许愿灯插画.ai。

图5-197

第6章

文本的编辑

本章介绍

　　Illustrator 2020提供了强大的文本编辑和图文混排功能。文本对象可以和一般图形对象一样进行各种变换和编辑，同时可以通过应用各种外观和样式属性制作出绚丽多彩的文本效果。Illustrator 2020支持多个国家的语言，有针对汉字等双字节编码的竖排功能。

学习目标

● 掌握不同类型文本的输入方法。

● 掌握编辑文本的技巧。

● 熟练掌握字符格式的设置方法。

● 熟练掌握段落格式的设置方法。

● 了解分栏和链接文本的技巧。

● 掌握图文混排的方法。

技能目标

● 掌握"美食线下海报"的制作方法。

6.1 创建文本

在准备创建文本时，按住文字工具 T 不放，会弹出文字展开式工具栏，单击工具栏后面的按钮，可使文字的展开式工具栏从工具箱中分离出来，如图6-1所示。

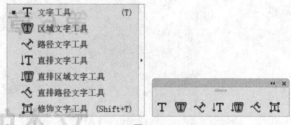

图6-1

工具栏中共有7种文字工具，前6种工具可以输入各种类型的文字，以满足不同的文字处理需要；第7种工具可以对文字进行修饰。7种文字工具依次为文字工具 T、区域文字工具 T、路径文字工具 ✓、直排文字工具 T、直排区域文字工具 T、直排路径文字工具 ✓ 和修饰文字工具 T。

文字可以直接输入，也可以通过选择"文件 > 置入"命令从外部置入。单击文字工具，会显示其对应的光标，如图6-2所示。从当前文字工具的光标样式可以知道创建文字对象的样式。

图6-2

6.1.1 课堂案例——制作美食线下海报

案例学习目标 学习使用文字工具、钢笔工具和路径文字工具制作美食线下海报。

案例知识要点 使用文字工具、字符控制面板添加并编辑标题文字，使用钢笔工具、路径文字工具制作路径文字，美食线下海报效果如图6-3所示。

效果所在位置 学习资源\Ch06\效果\制作美食线下海报.ai。

图6-3

01 按Ctrl+N组合键，弹出"新建文档"对话框，设置文档的宽度为600mm，高度为900mm，取向为竖向，颜色模式为CMYK，单击"创建"按钮，新建一个文档。

02 选择"文件 > 置入"命令，弹出"置入"对话框，选择学习资源中的"Ch06\素材\制作美食线下海报\01"文件,单击"置入"按钮,将图片置入页面中。单击属性栏中的"嵌入"按钮,嵌入图片。选择选择工具▶,拖曳图片到适当的位置,效果如图6-4所示。按Ctrl+2组合键,锁定所选对象。

03 选择文字工具 T,在适当的位置分别输入文字,选择选择工具▶,在属性栏中选择合适的字体并设置文字大小,效果如图6-5所示。

04 按Ctrl+T组合键,弹出"字符"控制面板,将"设置所选字符的字距调整" 设置为-80,其他设置如图6-6所示,按Enter键确认操作,效果如图6-7所示。

图6-4

图6-5

图6-6

图6-7

05 选择选择工具▶,选取文字"了",如图6-8所示。旋转文字"了"到适当的位置,效果如图6-9所示。用相同的方法分别选中并旋转其他需要的文字,效果如图6-10所示。

图6-8

图6-9

图6-10

06 选择选择工具▶,用框选的方法将所有文字同时选中,设置填充色(其C、M、Y、K的值分别为8、9、86、0),填充文字,效果如图6-11所示。

07 在属性栏中将"描边粗细"设置为10pt,按Enter键确认操作,效果如图6-12所示。设置描边色(其C、M、Y、K的值分别为100、96、35、0),填充描边,效果如图6-13所示。

图6-11

图6-12

图6-13

08 按Ctrl+C组合键,复制文字,按Ctrl+B组合键,将复制的文字粘贴在后面。填充描边为白色,并在属性栏中将"描边粗细"设置为40pt,按Enter键确认操作,效果如图6-14所示。

09 选择圆角矩形工具 ▣，在页面中单击，弹出"圆角矩形"对话框，设置如图6-15所示，单击"确定"按钮，页面中出现一个圆角矩形。选择选择工具 ▶，拖曳圆角矩形到适当的位置，效果如图6-16所示。

图6-14

图6-15

图6-16

10 保持圆角矩形的选中状态。设置填充色（其C、M、Y、K的值分别为8、9、86、0），填充图形。在属性栏中将"描边粗细"设置为10pt，按Enter键确认操作，效果如图6-17所示。设置描边色（其C、M、Y、K的值分别为100、96、35、0），填充描边，效果如图6-18所示。

图6-17

11 选择选择工具 ▶，按住Alt+Shift组合键，同时垂直向上拖曳圆角矩形到适当的位置，复制圆角矩形，效果如图6-19所示。填充复制的图形为白色，效果如图6-20所示。

图6-18

图6-19

图6-20

12 选择文字工具 T，在适当的位置输入文字，选择选择工具 ▶，在属性栏中选择合适的字体并设置文字大小；设置填充色（其C、M、Y、K的值分别为100、96、35、0），填充文字，效果如图6-21所示。

13 在"字符"控制面板中将"垂直缩放" IT 设置为140%，其他设置如图6-22所示，按Enter键确认操作，效果如图6-23所示。

图6-21

图6-22

图6-23

14 选择"文件 > 置入"命令，弹出"置入"对话框，选择学习资源中的"Ch06\素材\制作美食线下海报\02"文件，单击"置入"按钮，将图片置入页面中。单击属性栏中的"嵌入"按钮，嵌入图片。选择

选择工具 ▶，拖曳图片到适当的位置，效果如图6-24所示。选择钢笔工具 ✐，在适当的位置绘制一条曲线，如图6-25所示。

15 选择路径文字工具 ✎，将鼠标光标放置在路径上，如图6-26所示，单击插入光标，输入文字，在属性栏中选择合适的字体并设置文字大小，效果如图6-27所示。

图6-24

图6-25

图6-26

图6-27

16 设置填充色（其C、M、Y、K的值分别为100、96、35、0），填充文字，效果如图6-28所示。在"字符"控制面板中将"设置所选字符的字距调整" 设置为180，其他设置如图6-29所示，按Enter键确认操作，效果如图6-30所示。

图6-28

图6-29

图6-30

17 用相同的方法制作其他路径文字，效果如图6-31所示。美食线下海报制作完成，效果如图6-32所示。

图6-31

图6-32

6.1.2 文本工具

使用文字工具 T 和直排文字工具 ⟨T⟩ 可以直接输入沿水平方向和垂直方向排列的文字。

1. 输入点文本

选择文字工具 T 或直排文字工具 ⟨T⟩，在绘图页面中单击，会出现带有选中文本的文本区域，如图6-33所示，输入文本，如图6-34所示。

图6-33

图6-34

> **提示** 当输入的文本需要换行时，按Enter键可以开始新的一行。

结束文字的输入后，单击选择工具 ▶ 即可选中输入的文字，这时文字周围出现选择框，文本上的细线是文字基线的位置，如图6-35所示。

图6-35

2. 输入文本块

使用文字工具 T 或直排文字工具 ⟨T⟩ 可以绘制文本框，在文本框中可以输入文字。

选择文字工具 T 或直排文字工具 ⟨T⟩，在页面中需要输入文字的位置拖曳鼠标，如图6-36所示。当绘制的文本框大小符合需要时，释放鼠标，页面上会出现蓝色边框且带有选中文本的矩形文本框，如图6-37所示。

在矩形文本框中可以输入文字，输入的文字将在指定的区域内排列，如图6-38所示。当输入的文字到达矩形文本框的边界时，文字将自动换行，文本块的效果如图6-39所示。

图6-36

图6-37

图6-38

图6-39

3. 转换点文本和文本块

Illustrator 2020中文本框的外侧有转换点，空心状态的转换点▢──○表示当前文本为点文本，实心状态的转换点▢──●表示当前文本为文本块，双击转换点可将点文本转换为文本块，也可将文本块转换为点文本。

选择选择工具▶，选中输入的文本块，如图6-40所示。将光标置于右侧的转换点上，如图6-41所示，双击即可将文本块转换为点文本，如图6-42所示，再次双击，即可将点文本转换为文本块，如图6-43所示。

图6-40　　　　　　　图6-41　　　　　　　图6-42　　　　　　　图6-43

6.1.3 区域文本工具

在Illustrator 2020中，可以创建任意形状的文本对象。

绘制一个有填充颜色的图形对象，如图6-44所示。选择文字工具 T 或区域文字工具 ⊡，当光标移动到图形对象的边框上时，将变成 ① 形状，如图6-45所示，在图形对象上单击，图形对象的填充和描边填充属性被取消，图形对象转换为文本路径，并且在图形对象内出现一个带有选中文本的区域，如图6-46所示。

图6-44　　　　　　　　图6-45　　　　　　　　图6-46

选中文本区域输入文字，输入的文字会按水平方向在该对象内排列。如果输入的文字超出了文本路径所能容纳的范围，将出现文本溢出的现象，这时文本路径的右下角会出现一个红色田号标志，如图6-47所示。

使用选择工具▶选中文本路径，拖曳文本路径周围的控制点来调整文本路径的大小，可以显示所有的文字，效果如图6-48所示。

使用直排文字工具 IT 或直排区域文字工具 ⊡ 的方法与使用文字工具 T 的方法一样，直排文字工具 IT 或直排区域文字工具 ⊡ 在文本路径中创建的是竖排文字，如图6-49所示。

图6-47

图6-48

图6-49

6.1.4 路径文本工具

使用路径文字工具 和直排路径文字工具 创建文本时，可以让文本沿着一个开放或闭合路径的边缘进行水平或垂直方向的排列，路径可以是规则或不规则的。如果使用这两种工具，原来的路径将不再具有填充或描边填充的属性。

1. 创建路径文本

（1）沿路径创建水平方向文本。

选择钢笔工具 ，在页面上绘制一个任意形状的开放路径，如图6-50所示。使用路径文字工具 ，在绘制好的路径上单击，路径将转换为文本路径，且带有选中的文本，如图6-51所示。

在选中文本区域输入需要的文字，文字将会沿着路径排列，文字的基线与路径是平行的，效果如图6-52所示。

图6-50

图6-51

图6-52

（2）沿路径创建垂直方向文本。

选择钢笔工具 ，在页面上绘制一个任意形状的开放路径，使用直排路径文字工具 在绘制好的路径上单击，路径将转换为文本路径，且带有选中的文本，如图6-53所示。

在光标处输入所需要的文字，文字将会沿着路径排列，文字的基线与路径是直排的，效果如图6-54所示。

图6-53

图6-54

2. 编辑路径文本

如果对创建的路径文本不满意，可以对其进行编辑。

选择选择工具▶或直接选择工具▷，选取要编辑的路径文本。这时在文本开始处会出现一个I形的符号，如图6-55所示。

拖曳文字左侧的I形符号，可沿路径移动文本，效果如图6-56所示。按住I形的符号向路径相反的方向拖曳，文本会翻转方向，效果如图6-57所示。

图6-55   图6-56   图6-57

6.2 编辑文本

在Illustrator 2020中，可以使用选择工具和菜单命令对文本框进行编辑，也可以使用修饰文本工具对文本框中的文本进行单独编辑。

6.2.1 编辑文本块

通过选择工具和菜单命令可以改变文本框的形状以编辑文本。

使用选择工具▶单击文本，可以选中文本对象。完全选中的文本块包括内部文字与文本框。文本块被选中时，文字中的基线就会显示出来，如图6-58所示。

图6-58

> **提示** 编辑文本之前，必须选中文本。

当文本对象完全被选中后，拖动可以移动其位置。选择"对象 > 变换 > 移动"命令，弹出"移动"对话框，通过设置数值可以精确移动文本对象。

选择选择工具▶，单击文本框上的控制点并拖动，可以改变文本框的大小，如图6-59所示，释放鼠标，效果如图6-60所示。

使用比例缩放工具▣可以对选中的文本对象进行缩放，如图6-61所示。选择"对象 > 变换 > 缩放"命令，弹出"比例缩放"对话框，通过设置数值可以精确缩放文本对象，效果如图6-62所示。

图6-59　　　　　图6-60　　　　　图6-61　　　　　图6-62

编辑部分文字时，先选择文字工具 T，移动光标到文本上，单击插入光标并按住鼠标左键拖曳，即可选中部分文本。选中的文本将反白显示，效果如图6-63所示。

使用选择工具 ▶ 在文本区域内双击，进入文本编辑状态。在文本编辑状态下，双击一句话即可选中这句话；按Ctrl+A组合键，可以选中整个段落，如图6-64所示。

选择"对象 > 路径 > 清理"命令，弹出"清理"对话框，如图6-65所示，勾选"空文本路径"复选项可以删除空的文本路径。

图6-63　　　　　　　　图6-64　　　　　　　　图6-65

提示　在其他的软件中复制文本，再在 Illustrator 2020中选择"编辑 > 粘贴"命令，可以将其他软件中的文本复制到Illustrator 2020中。

6.2.2　编辑文字

利用修饰文字工具 国 可以对文本框中的文字进行单独的属性设置和编辑操作。

选择修饰文字工具 国，单击选取需要编辑的文字，如图6-66所示，在属性栏中设置适当的字体和文字大小，效果如图6-67所示。再次单击选取需要的文字，如图6-68所示，拖曳右下角的节点调整文字的水平比例，如图6-69所示，松开鼠标，效果如图6-70所示，拖曳左上角的节点可以调整文字的垂直比例，拖曳右上角的节点可以等比例缩放文字。

图6-66　　　　图6-67　　　　图6-68　　　　图6-69　　　　图6-70

再次单击选取需要的文字，如图6-71所示。拖曳左下角的节点，可以调整文字的基线偏移，如图6-72所示，松开鼠标，效果如图6-73所示。将光标置于正上方的空心节点处，光标变为旋转图标 ↺，拖曳鼠标，如图6-74所示，旋转文字，效果如图6-75所示。

图6-71　　　　　图6-72　　　　　图6-73　　　　　图6-74　　　　　图6-75

6.2.3 创建文本轮廓

选中文本，选择"文字 > 创建轮廓"命令（快捷键为Shift+Ctrl+O），创建文本轮廓，如图6-76所示。文本转化为轮廓后，可以对文本进行渐变填充，效果如图6-77所示，还可以对文本应用滤镜，效果如图6-78所示。

图6-76　　　　　　　　　　　图6-77　　　　　　　　　　　图6-78

提示 文本转化为轮廓后，将不再具有文本的一些属性，这就需要在文本转化成轮廓之前先按需要调整文字的字体和大小。而且将文本转化为轮廓时，文本框中的文本会全部转化为路径，不能在一行文字内转化单个文字。

6.3 字符格式

在Illustrator 2020中，可以设定字符的格式。这些格式包括文字的字体、字号、颜色和字符间距等。

选择"窗口 > 文字 > 字符"命令（快捷键为Ctrl+T），弹出"字符"控制面板，如图6-79所示。

"设置字体系列"选项：单击选项文本框右侧的按钮 ，可以从弹出的下拉列表中选择一种需要的字体。

"设置字体大小"选项 ：用于控制文字的大小，单击数值框左侧的上、下微调按钮 ，可以逐级调整字号。

"设置行距"选项 ：用于控制文本的行距，定义文本中行与行之间的距离。

"垂直缩放"选项 ：可以使文字尺寸横向保持不变，纵向被缩

图6-79

放，缩放比例小于100%时文字被压扁，大于100%时文字被拉长。

"水平缩放"选项 ⊥：可以使文字的纵向大小保持不变，横向被缩放，缩放比例小于100%时文字被压扁，大于100%时文字被拉伸。

"设置两个字符间的字距微调"选项 ⅤA：用于细微的调整两个字符之间的水平间距。正值时，字距变大，负值时，字距变小。

"设置所选字符的字距调整"选项 ⅤA：用于调整字符与字符之间的距离。

"设置基线偏移"选项 A4：用于调节文字的上下位置，通过此项可以为文字制作上标或下标。正值时文字上移，负值时文字下移。

"字符旋转"选项 ⓣ：用于设置字符的旋转角度。

6.3.1 字体和字号

选择"字符"控制面板，在"字体"选项的下拉列表中选择一种字体即可将该字体应用于选中的文字，如图6-80所示。

Illustrator 2020提供的每种字体都有一定的字形，如常规、加粗和斜体等。

> **提示** 默认字体单位为pt，72pt相当于1英寸。默认状态下字号为12pt，可调整的范围为0.1～1296。

图6-80

选中部分文本，如图6-81所示。选择"窗口 > 文字 > 字符"命令，弹出"字符"控制面板，从"字体"选项的下拉列表中选择一种字体，如图6-82所示；或选择"文字 > 字体"命令，在列出的字体中进行选择，更改字体后的效果如图6-83所示。

图6-81

图6-82

图6-83

选中文本，单击"设置字体大小"选项 **T** `12 pt` 数值框后的按钮 ，在弹出的下拉列表中可以选择适合的字体大小，也可以通过数值框左侧的上、下微调按钮 来调整字号。文本字号为28pt和33pt时的效果如图6-84和图6-85所示。

图6-84　　　　　　　　图6-85

6.3.2　行距

行距是指文本中行与行之间的距离。如果没有自定义行距值，系统将使用自动行距，即系统以最适合的参数设置行间距。

选中文本，如图6-86所示。在"字符"控制面板中的"设置行距"选项 数值框中输入所需要的数值，可以调整行与行之间的距离。设置"行距"数值为48，按Enter键确定，行距效果如图6-87所示。

图6-86　　　　　　　　图6-87

6.3.3　水平或垂直缩放

当改变文本的字号时，它的高度和宽度将同时发生改变，而利用"垂直缩放"选项 **IT** 或"水平缩放"选项 **T** 可以单独改变文本的高度和宽度。

默认状态下，对于横排的文本，"垂直缩放"选项 **IT** 保持文字的宽度不变，只改变文字的高度；"水平缩放"选项 **T** 将在保持文字高度的情况下，改变文字宽度；对于竖排的文本，会产生相反的效果，即"垂直缩放"选项 **IT** 改变文本的宽度，"水平缩放"选项 **T** 改变文本的高度。

选中文本，如图6-88所示，文本为默认状态下的效果。在"垂直缩放"选项 **IT** 数值框内设置数值为175%，按Enter键确定，文字的垂直缩放效果如图6-89所示。

在"水平缩放"选项 **T** 数值框内设置数值为175%，按Enter键确定，文字的水平缩放效果如图6-90所示。

图6-88　　　　　　　　图6-89　　　　　　　　图6-90

6.3.4 字距

当需要调整字符之间的距离时，可使用"字符"控制面板中的两个选项，即"设置两个字符间的字距微调"选项 和"设置所选字符的字距调整"选项 。"设置两个字符间的字距微调"选项 用来控制两个文字或字母之间的距离。"设置所选字符的字距调整"选项 可使两个或更多个被选择的文字或字母之间保持相同的距离。

选中要设定字距的文字，如图6-91所示。在"字符"控制面板中的"设置两个字符间的字距微调"选项 的下拉列表中选择"自动"选项，这时就会以最合适的参数值设置选中文字间的距离。

图6-91

提示 在"设置两个字符间的字距微调"选项的数值框中输入0时，将关闭自动调整文字距离的功能。

将光标插入到需要调整间距的两个文字之间，如图6-92所示。在"设置两个字符间的字距微调"选项 的数值框中输入数值，可以调整两个文字之间的距离。设置数值为300，按Enter键确定，字距效果如图6-93所示；设置数值为-300，按Enter键确定，字距效果如图6-94所示。

图6-92

图6-93

图6-94

选中整个文本对象，如图6-95所示，在"设置所选字符的字距调整"选项 的数值框中输入数值，可以调整文本字符间的距离。设置数值为200，按Enter键确定，字距效果如图6-96所示；设置数值为-200，按Enter键确定，字距效果如图6-97所示。

图6-95

图6-96

图6-97

6.3.5 基线偏移

基线偏移就是改变文字与基线的距离，从而提高或降低被选中文字相对于其他文字的排列位置，达到突出显示的目的。使用"基线偏移"选项 可以创建上标或下标，或在不改变文本方向的情况下，更改路径文本在路径上的排列位置。

如果"基线偏移"选项 在"字符"控制面板中是隐藏的，可以从"字符"控制面板的弹出式菜单中选择"显示选项"命令，如图6-98所示，显示出"基线偏移"选项 ，如图6-99所示。

图6-98

图6-99

"设置基线偏移"选项 可以改变文本在路径上的位置。选中在路径的外侧的文本，如图6-100所示。在"设置基线偏移"选项 的数值框中设置数值为-30，按Enter键确定，文本移动到路径的内侧，效果如图6-101所示。

图6-100

图6-101

通过"设置基线偏移"选项 ，还可以制作有上标和下标显示的数学等式。输入需要的数值，如图6-102所示，将表示平方的字符"2"选中并使用较小的字号，如图6-103所示。再在"基线偏移"选项 的数值框中设置数值为28，按Enter键确定，平方的字符制作完成，如图6-104所示。使用相同的方法制作其他上标字符效果，如图6-105所示。

$$2\,2 + 5\,2 = 2\,9$$

图6-102

$$2\,2 + 5\,2 = 2\,9$$

图6-103

$$2\,2 + 5\,2 = 2\,9$$

图6-104

$$2^2 + 5^2 = 2\,9$$

图6-105

提示 若要取消"基线偏移"的效果，选择相应的文本后，在"基线偏移"选项的数值框中设置数值为0即可。

6.4 段落格式

"段落"控制面板提供了文本对齐、段落缩进、段落间距及制表符等设置，可用于处理较长的文本。选择"窗口 > 文字 > 段落"命令（快捷键为Alt+Ctrl+T），弹出"段落"控制面板，如图6-106所示。

图6-106

6.4.1 文本对齐

文本对齐是指所有的文字在段落中按一定的标准有序地排列。Illustrator 2020提供了7种文本对齐的方式，分别为左对齐▤、居中对齐▤、右对齐▤、两端对齐末行左对齐▤、两端对齐末行居中对齐▤、两端对齐末行右对齐▤和全部两端对齐▤。

选中要对齐的段落文本，单击"段落"控制面板中的各个对齐方式按钮，应用不同对齐方式的段落文本效果如图6-107所示。

左对齐　　　　　　　居中对齐　　　　　　　右对齐　　　　　两端对齐末行左对齐

两端对齐末行居中对齐　　　两端对齐末行右对齐　　　　全部两端对齐

图6-107

6.4.2 段落缩进

段落缩进是指在一个段落文本开始时需要空出的字符位置。选定的段落文本可以是文本块、区域文本或文本路径。段落缩进有5种方式，分别为"左缩进"▸▤、"右缩进"▤◂、"首行左缩进"▾▤、"段前间距"▤和"段后间距"▤。

选中段落文本，单击"左缩进"图标▸▤或"右缩进"图标▤◂，在缩进数值框内可以输入要缩进的数值。单击"左缩进"图标或"右缩进"图标右边的上下微调按钮↕，一次可以调整1pt。缩进数值框内为正值时，文本框和文本之间的距离拉开；为负值时，文本框和文本之间的距离缩小。

单击"首行左缩进"图标▾▤，在第1行左缩进数值框内输入数值可以设置首行缩进后空出的字符位置。应用"段前间距"图标▴▤和"段后间距"图标▤，可以设置段落间的距离。

选中要缩进的段落文本，单击"段落"控制面板中的各个缩进方式按钮，应用不同缩进方式的段落文本效果如图6-108所示。

左缩进　　　　　右缩进　　　　　首行左缩进

段前间距　　　　　　段后间距

图6-108

6.5 分栏和链接文本

在Illustrator 2020中，大的段落文本经常采用分栏这种形式。分栏时，可自动创建链接文本，也可手动创建文本的链接。

6.5.1 创建文本分栏

在Illustrator 2020中，可以对一个选中的段落文本块进行分栏。不能对点文本或路径文本进行分栏，也不能对一个文本块中的部分文本进行分栏。

选中要进行分栏的文本块，如图6-109所示，选择"文字 > 区域文字选项"命令，弹出"区域文字选项"对话框，设置如图6-110所示，单击"确定"按钮，创建文本分栏，效果如图6-111所示。

图6-109　　　　　　　　图6-110　　　　　　　　图6-111

141

在"行"选项组中的"数量"选项中输入数值，所有的行自动定义为相同的高度，建立文本分栏后可以改变各行的高度。"跨距"选项用于设置行的高度。

在"列"选项组中的"数量"选项中输入数值，所有的栏自动定义为相同的宽度，建立文本分栏后可以改变各栏的宽度。"跨距"选项用于设置栏的宽度。

单击"文本排列"选项后的图标按钮 ，可以选择一种文本流在链接时的排列方式，每个图标上的方向箭头指明文本流的方向。

6.5.2 链接文本框

如果文本块出现文本溢出的现象，可以通过调整文本块的大小显示所有的文本，也可以将溢出的文本链接到另一个文本框中，还可以进行多个文本框的链接。点文本和路径文本不能被链接。

选择有文本溢出的文本块。在文本框的右下角出现了⊞图标，表示因文本框太小有文本溢出，绘制一个闭合路径或创建一个文本框，同时将文本块和闭合路径选中，如图6-112所示。

选择"文字 > 串接文本 > 创建"命令，左边文本框中溢出的文本会自动移到右边的闭合路径中，效果如图6-113所示。

图6-112

图6-113

如果右边的文本框中还有文本溢出，可以继续添加文本框来链接溢出的文本。链接的多个文本框其实还是一个文本块。选择"文字 > 串接文本 > 释放所选文字"命令，可以解除各文本框之间的链接状态。

6.6 图文混排

图文混排效果是版式设计中经常使用的一种效果，使用文本绕图命令可以制作出漂亮的图文混排效果。文本绕图对整个文本框起作用，对于文本框中的部分文本及点文本、路径文本不能进行文本绕图。

在文本框上放置图形并调整好位置，同时选中文本框和图形，如图6-114所示。选择"对象 >文本绕排 > 建立"命令，建立文本绕排，文本和图形结合在一起，效果如图6-115所示。要增加绕排的图形，可先将图形放置在文本框上，再选择"对象 > 文本绕排 > 建立"命令，文本绕图将会重新排列，效果如图6-116所示。

图6-114

图6-115

图6-116

选中文本绕图对象，选择"对象 > 文本绕排 > 释放"命令，可以取消文本绕图。

提示 图形必须放置在文本框之上才能进行文本绕图。

课堂练习——制作服装饰品杂志封面

练习知识要点 使用置入命令导入背景底图，使用文字工具、字符控制面板添加杂志名称及栏目内容，效果如图6-117所示。

素材所在位置 学习资源\Ch06\素材\制作服装饰品杂志封面\01。

效果所在位置 学习资源\Ch06\效果\制作服装饰品杂志封面.ai。

图6-117

课后习题——制作文字海报

习题知识要点 使用置入命令置入素材图片，使用直线段工具、描边控制面板绘制装饰线条，使用钢笔工具、路径文字工具制作路径文字，使用文字工具、直排文字工具和字符控制面板添加文字内容，效果如图6-118所示。

素材所在位置 学习资源\Ch06\素材\制作文字海报\01。

效果所在位置 学习资源\Ch06\效果\制作文字海报.ai。

图6-118

第 7 章

图表的编辑

本章介绍

  Illustrator 2020不仅具有强大的绘图功能，而且还具有强大的图表处理功能。本章将系统地介绍Illustrator 2020中提供的基本图表形式，通过学习使用图表工具，可以创建出各种不同类型的表格，以更好地表现复杂的数据。另外，通过自定义图表各部分的颜色，以及将创建的图案应用到图表中，能更加生动地表现数据内容。

学习目标

- ●掌握图表的创建方法。
- ●了解不同图表之间的转换技巧。
- ●掌握设置图表属性的方法。
- ●掌握自定义图表图案的方法。

技能目标

- ●掌握"招聘求职领域月活跃人数图表"的制作方法。
- ●掌握"娱乐直播统计图表"的制作方法。

7.1 创建图表

在Illustrator 2020中，提供了9种不同的图表工具，利用这些工具可以创建不同类型的图表。

7.1.1 课堂案例——制作招聘求职领域月活跃人数图表

案例学习目标 学习使用图表绘制工具、图表类型对话框制作招聘求职领域月活跃人数图表。

案例知识要点 使用矩形工具、多边形工具制作图表底图，使用柱形图工具、图表类型对话框和文字工具制作柱形图表，使用文字工具、字符控制面板添加文字信息，招聘求职领域月活跃人数图表效果如图7-1所示。

效果所在位置 学习资源\Ch07\效果\制作招聘求职领域月活跃人数图表.ai。

图7-1

01 按Ctrl+N组合键，弹出"新建文档"对话框，设置文档的宽度为254mm，高度为190.5mm，取向为横向，颜色模式为RGB，单击"创建"按钮，新建一个文档。

02 选择矩形工具▣，绘制一个与页面大小相等的矩形，设置填充色（其R、G、B的值分别为115、224、229），填充图形，并设置描边色为无，效果如图7-2所示。

03 选择多边形工具◉，在页面中单击鼠标左键，弹出"多边形"对话框，设置如图7-3所示，单击"确定"按钮，出现一个多边形。选择选择工具▶，拖曳多边形到适当的位置，设置填充色（其R、G、B的值分别为40、175、198），填充图形，并设置描边色为无，效果如图7-4所示。

04 按Ctrl+O组合键，打开学习资源中的"Ch07\素材\制作招聘求职领域月活跃人数图表\01"文件，选择选择工具▶，选取需要的图形，按Ctrl+C组合键，复制图形。选择正在编辑的页面，按Ctrl+V组合键，将其粘贴到页面中，并拖曳复制的图形到适当的位置，效果如图7-5所示。

图7-2

图7-3

图7-4

图7-5

05 选择文字工具⊤，在页面中分别输入需要的文字，选择选择工具▶，在属性栏中选择合适的字体并设置文字大小，效果如图7-6所示。

06 选择矩形工具 ▣，在适当的位置绘制一个矩形，设置填充色（其R、G、B的值分别为40、175、198），填充图形，并设置描边色为无，效果如图7-7所示。

07 选择柱形图工具 ▥，在页面中单击鼠标，弹出"图表"对话框，设置如图7-8所示，单击"确定"按钮，弹出"图表数据"对话框，单击"导入数据"按钮 ▥，弹出"导入图表数据"对话框，选择本书学习资源中的"Ch07\素材\制作招聘求职领域月活跃人数图表\数据信息"文件，单击"打开"按钮，导入需要的数据，如图7-9所示。

图7-6

图7-7

图7-8

图7-9

08 导入完成后，单击"应用"按钮 ✓，再关闭"图表数据"对话框，建立柱形图表，效果如图7-10所示。双击柱形图工具 ▥，弹出"图表类型"对话框，设置如图7-11所示，单击"确定"按钮，效果如图7-12所示。

图7-10

图7-11

图7-12

09 选择选择工具 ▶，在属性栏中选择合适的字体并设置文字大小，效果如图7-13所示。选择编组选择工具 ▷，按住Shift键的同时，依次单击选取需要的矩形，设置填充色（其R、G、B的值分别为40、175、198），填充图形，并设置描边色为无，效果如图7-14所示。

图7-13

图7-14

10 选择编组选择工具 ▣，按住Shift键的同时，依次单击选取需要的刻度线，设置描边色（其R、G、B的值分别为125、125、125），填充描边，效果如图7-15所示。

11 选择编组选择工具 ▣，选取下方类别轴线，按Shift+Ctrl+]组合键，将其置于顶层，效果如图7-16所示。

12 选择文字工具 T，在适当的位置分别输入需要的文字，选择选择工具 ▶，在属性栏中选择合适的字体并设置文字大小，效果如图7-17所示。

图7-15

图7-16

图7-17

13 选择选择工具 ▶，用框选的方法将柱形图和输入的数值文字同时选取，按Ctrl+G组合键，将其编组，并拖曳编组图表到页面中适当的位置，效果如图7-18所示。

14 选择文字工具 T，在适当的位置输入需要的文字，选择选择工具 ▶，在属性栏中选择合适的字体并设置文字大小，效果如图7-19所示。

图7-18

图7-19

15 按Ctrl+T组合键，弹出"字符"控制面板，将"设置行距" 设置为18pt，其他设置如图7-20所示；按Enter键确定操作，效果如图7-21所示。招聘求职领域月活跃人数图表制作完成，效果如图7-22所示。

图7-20

图7-21

图7-22

7.1.2 图表工具

按住工具箱中的柱形图工具 📊 不放，将弹出图表工具组。工具组中包含的图表工具依次为柱形图工具 📊、堆积柱形图工具 📊、条形图工具 📊、堆积条形图工具 📊、折线图工具 📈、面积图工具 📈、散点图工具 📈、饼图工具 🥧、雷达图工具 ⚙，如图7-23所示。

图7-23

7.1.3 柱形图

柱形图是较为常用的一种图表类型，它使用一些竖排的、高度可变的矩形柱来表示各种数据，矩形的高度与数据大小成正比。

选择柱形图工具 📊，在页面中拖曳鼠标绘制出一个矩形区域来设置图表大小，或在页面上任意位置单击鼠标，将弹出"图表"对话框，如图7-24所示。在"宽度"选项和"高度"选项的数值框中输入图表的宽度和高度数值，设定完成后，单击"确定"按钮，将自动在页面中建立图表，如图7-25所示，同时弹出"图表数据"对话框，如图7-26所示。

图7-24　　　　　　　　　　图7-25　　　　　　　　　　图7-26

在"图表数据"对话框左上方的文本框中可以直接输入各种文本或数值，然后按Tab键或Enter键确认，文本或数值将会自动添加到"图表数据"对话框的单元格中。鼠标单击可以选取各个单元格，输入要更改的文本或数据值后，再按Enter键确认。

在"图表数据"对话框右上方有一组按钮。单击"导入数据"按钮 📥，可以从外部文件中输入数据信息。单击"换位行/列"按钮 🔃，可将横排和竖排的数据相互交换位置。单击"切换x/y"按钮 🔁，将调换x轴和y轴的位置。单击"单元格样式"按钮 🔳，弹出"单元格样式"对话框，可以设置单元格的样式。单击"恢复"按钮 🔄，在没有单击应用按钮以前使文本框中的数据恢复到前一个状态。单击"应用"按钮 ✓，确认输入的数值并生成图表。

单击"单元格样式"按钮 🔳，弹出"单元格样式"对话框，如图7-27所示。该对话框用于设置小数点的位置和数字栏的宽度，在"小数位数"和"列宽度"选项的文本框中可以输入所需要的数值。另外，将鼠标光标放置在各单元格相交处时，鼠标指针会变成两条竖线和双向箭头的形状 ⇔，这时拖曳鼠标可调整数字栏的宽度。

双击柱形图工具 ⅢⅡ，弹出"图表类型"对话框，如图7-28所示。柱形图表是默认的图表。

在"图表数据"对话框中的文本表格的第1格中单击，删除默认数值1。按照文本表格的组织方式输入具体信息，如图7-29所示。

| 图7-27 | 图7-28 | 图7-29 |

单击"应用"按钮 ✓，生成图表，输入的信息被应用到图表上，柱形图效果如图7-30所示，从图中可以看到，柱形图是对每一行中的数据进行比较。

在"图表数据"对话框中单击"换位行/列"按钮 ⅢⅡ，互换行、列数据，新的柱形图效果如图7-31所示。在"图表数据"对话框中单击关闭按钮 × 将对话框关闭。

| 图7-30 | 图7-31 |

当需要对柱形图中的数据进行修改时，先选取要修改的图表，选择"对象 > 图表 > 数据"命令，弹出"图表数据"对话框。在对话框中可以再次修改数据，修改后，单击"应用"按钮 ✓，可以将修改后的数据应用到选定的图表中。

选取图表，用鼠标右键单击页面，在弹出的菜单中选择"类型"命令，弹出"图表类型"对话框，在对话框中可以选择其他的图表类型。

7.1.4 其他图表效果

1. 堆积柱形图

堆积柱形图与柱形图类似，只是它们的显示方式不同。柱形图显示为单一的数据比较，而堆积柱形图显示的是全部数据总和的比较。因此，在进行数据总量的比较时，多用堆积柱形图，效果如图7-32所示。从图表中可以看出，堆积柱形图将每个人的数值总量进行比较，并且每一个人都用不同颜色的矩形来显示。

2. 条形图和堆积条形图

条形图与柱形图类似，只是柱形图是以垂直方向上的矩形显示图表中的各组数据，而条形图是以水平方向上的矩形来显示图表中的数据，效果如图7-33所示。

堆积条形图与堆积柱形图类似，但是堆积条形图是以水平方向的矩形条来显示数据总量的。堆积条形图效果如图7-34所示。

3. 折线图

折线图可以显示出某种事物随时间变化的发展趋势，明显地表现出数据的变化走向。折线图也是一种比较常见的图表，给人以直接明了的视觉效果。选择折线图工具，拖曳鼠标绘制出一个矩形区域，或在页面上任意位置单击鼠标，在弹出的"图表数据"对话框中输入相应的数据，单击"应用"按钮，折线图表效果如图7-35所示。

图7-32　　　　图7-33

图7-34　　　　图7-35

4. 面积图

面积图可以用来表示一组或多组数据。通过不同折线连接图表中所有的点，形成面积区域，并且折线内部可填充为不同的颜色。面积图表其实与折线图表类似，是一个填充了颜色的折线图表，效果如图7-36所示。

图7-36

5. 散点图

散点图是一种比较特殊的数据图表。散点图的横坐标和纵坐标都是数据坐标，两组数据的交叉点形成了坐标点。因此，它的数据点由横坐标和纵坐标确定。图表中的数据点位置所创建的线能贯穿自身却无具体方向，如图7-37所示。散点图不适合用于太复杂的内容，适合显示图例说明。

图7-37

6. 饼图

饼图适用于一个整体中各组成部分的比较，该类图表应用的范围比较广。饼图的数据整体显示为一个圆，每组数据按照其在整体中所占的比例，以不同颜色的扇形显示。但是它不能准确地显示出各部分的具体数值，效果如图7-38所示。

7. 雷达图

雷达图是一种较为特殊的图表类型，以一种环形的形式对图表中的各组数据进行比较，形成比较明显的数据对比。雷达图适合表现一些变化大的数据，效果如图7-39所示。

图7-38　　　　　　　　　　　图7-39

7.2　设置图表

在Illustrator 2020中，可以重新调整各种类型图表的选项及更改某一组数据，还可以解除图表组合。

7.2.1　"图表数据"对话框

选中图表，单击鼠标右键，在弹出的菜单中选择"数据"命令，或直接选择"对象 > 图表 > 数据"命令，弹出"图表数据"对话框。在对话框中可以修改数据。

（1）编辑一个单元格。

选取该单元格，在文本框中输入新的数据，按Enter键确认并下移到另一个单元格。

（2）删除数据。

选取数据单元格，删除文本框中的数据，按Enter键确认并下移到另一个单元格。

（3）删除多个数据。

选取要删除数据的多个单元格，选择"编辑 > 清除"命令，即可删除多个数据。

7.2.2　"图表类型"对话框

1. 设置图表选项

选中图表，双击图表工具或选择"对象 > 图表 > 类型"命令，弹出"图表类型"对话框，如图7-40所示。在"数值轴"选项的下拉列表中包括"位于左侧""位于右侧"和"位于两侧"选项，分别用来表示图表中坐标轴的位置，可根据需要选择（对饼形图表来说此选项不可用）。

"样式"选项组包括4个选项。勾选"添加投影"复选项，可以为图表添加一种阴影效果；勾选"在顶部添加图例"复选项，可以将图表中的图例说明放到图表的顶部；勾选"第一行在前"复选项，图表中的各个柱形或其他对象将会重叠地覆盖行，并按照从左到右的顺序排列；"第一列在前"复选项，是默认的放置柱形的方式，它能够从左到右依次放置柱形。

"选项"选项组包括两个选项。"列宽"和"簇宽度"分别用来控制图表的横栏宽和组宽。横栏宽是指图表中每个柱形条的宽度，组宽是指所有柱形所占据的可用空间。

选择折线图和雷达图时，"选项"选项组如图7-41所示。勾选"标记数据点"复选项，使数据点显示为正方形，否则直线段中间的数据点不显示；勾选"连接数据点"复选项，在每组数据点之间进行连线，否则只显示一个个孤立的点；勾选"线段边到边跨X轴"复选项，将线条从图表左边和右边伸出，它对散点图表无作用；勾选"绘制填充线"复选项，将激活其下方的"线宽"选项。

选择饼图时，"选项"选项组如图7-42所示。对于饼图，"图例"选项控制图例的显示，在其下拉列表中，"无图例"选项即不要图例，"标准图例"选项即将图例放在图表的外围，"楔形图例"选项即将图例插入相应的扇形中。"位置"选项控制饼图及扇形块的摆放位置，在其下拉列表中，"比例"选项即按比例显示各个饼图的大小，"相等"选项使所有饼图的直径相等，"堆积"选项即可以将所有的饼图叠加在一起。"排序"选项控制图表元素的排列顺序，在其下拉列表中，"全部"选项即将元素信息由大到小顺时针排列；"第一个"选项将最大值元素信息放在顺时针方向的第一个，其余按输入顺序排列；"无"选项即按元素的输入顺序顺时针排列。

图7-40

图7-41

图7-42

2. 设置数值轴

在"图表类型"对话框左上方选项的下拉列表中选择"数值轴"选项，切换到相应的对话框，如图7-43所示。

"刻度值"选项组：当勾选"忽略计算出的值"复选项时，下面的3个数值框被激活。"最小值"选项的数值表示坐标轴的起始值，也就是图表原点的坐标值，它不能大于"最大值"的数值；"最大值"选项中的数值表示的是坐标轴的最大刻度值；"刻度"选项中的数值用来决定将坐标轴上下分为多少部分。

"刻度线"选项组："长度"选项的下拉列表中包括3项。选择"无"选项，表示不使用刻度标记；选择"短"选项，表示使用短的刻度标记；选择"全宽"选项，刻度线将贯穿整个图表，效果如图7-44所示。"绘制"选项数值框中的数值表示每一个坐标轴间隔的区分标记。

"添加标签"选项组："前缀"选项是指在数值前加符号，"后缀"选项是指在数值后加符号。在"后缀"选项的文本框中输入"分"后，图表效果如图7-45所示。

图7-43

图7-44　　　　　　　　　图7-45

7.3 自定义图表

Illustrator 2020除了可以创建和编辑图表外，还可以对图表的局部进行编辑和修改，以及自定义图表的图案，使图表所表现的数据更加生动。

7.3.1 课堂案例——制作娱乐直播统计图表

案例学习目标 学习使用条形图工具、设计命令和柱形图命令制作统计图表。

案例知识要点 使用条形图工具建立条形图表，使用设计命令定义图案，使用柱形图命令制作图案图表，使用钢笔工具、直接选择工具和编组选择工具编辑女性图案，使用文字工具、字符控制面板添加标题及统计信息，娱乐直播统计图表效果如图7-46所示。

效果所在位置 学习资源\Ch07\效果\制作娱乐直播统计图表.ai。

图7-46

01 按Ctrl+N组合键，弹出"新建文档"对话框，设置文档的宽度为285mm，高度为210mm，取向为横向，颜色模式为CMYK，单击"创建"按钮，新建一个文档。

02 选择矩形工具 ▣，绘制一个与页面大小相等的矩形，设置填充色（其C、M、Y、K的值分别为4、4、10、0），填充图形，并设置描边色为无，效果如图7-47所示。

03 选择矩形工具 ▣，再绘制一个矩形，设置填充色（其C、M、Y、K的值分别为4、4、10、0），填充图形；设置描边色（其C、M、Y、K的值分别为65、21、0、0），填充描边；在属性栏中将"描边粗细"设置为2pt，按Enter键确定操作，效果如图7-48所示。

图7-47　　　　　　　　　　　图7-48

04 选择添加锚点工具，分别在矩形左右中间的位置单击鼠标左键，添加锚点，如图7-49所示。选择直接选择工具，选取右边添加的锚点，并向右拖曳锚点到适当的位置，效果如图7-50所示。用相同的方法调整左边添加的锚点，效果如图7-51所示。

图7-49　　　　　　　　图7-50　　　　　　　　图7-51

05 选择选择工具，选取图形，按Ctrl+C组合键，复制图形，按Ctrl+B组合键，将复制的图形粘贴在后面。按→和↓方向键，微调复制的图形到适当的位置，效果如图7-52所示。设置填充色（其C、M、Y、K的值分别为45、0、4、0），填充图形，效果如图7-53所示。

图7-52　　　　　　　　　　　图7-53

06 选择椭圆工具，按住Shift键的同时，在适当的位置绘制一个圆形，效果如图7-54所示。选择吸管工具，将图标放置在下方矩形上，如图7-55所示，单击鼠标左键吸取矩形的属性，如图7-56所示。

07 选择选择工具，按住Alt+Shift组合键的同时，水平向右拖曳圆形到适当的位置，复制圆形，效果如图7-57所示。

图7-54　　　　　图7-55　　　　　图7-56　　　　　图7-57

08 选择文字工具，在页面中输入需要的文字，选择选择工具，在属性栏中选择合适的字体并设置文字大小，效果如图7-58所示。设置填充色（其C、M、Y、K的值分别为65、21、0、0），填充文字，效果如图7-59所示。

图7-58　　　　　　　　　　　　图7-59

09 选择条形图工具⬛，在页面中单击鼠标，弹出"图表"对话框，设置如图7-60所示；单击"确定"按钮，弹出"图表数据"对话框，输入需要的数据，如图7-61所示。输入完成后，单击"应用"按钮✓，关闭"图表数据"对话框，建立柱形图表，并将其拖曳到页面中适当的位置，效果如图7-62所示。

图7-60

图7-61

图7-62

10 选择"对象 > 图表 > 类型"命令，弹出"图表类型"对话框，设置如图7-63所示；单击"图表选项"选项右侧的按钮✓，在弹出的下拉列表中选择"数值轴"，切换到相应的对话框进行设置，如图7-64所示；单击"数值轴"选项右侧的按钮✓，在弹出的下拉列表中选择"类别轴"，切换到相应的对话框进行设置，如图7-65所示；设置完成后，单击"确定"按钮，效果如图7-66所示。

图7-63

图7-64　　　　　　　　　　　　图7-65

图7-66

155

11 按Ctrl+O组合键，打开学习资源中的"Ch07\素材\制作娱乐直播统计图表\01"文件，选择选择工具，选取需要的图形，如图7-67所示。

12 选择"对象 > 图表 > 设计"命令，弹出"图表设计"对话框，单击"新建设计"按钮，显示所选图形的预览，如图7-68所示；单击"重命名"按钮，在弹出的"图表设计"对话框中输入名称，如图7-69所示；单击"确定"按钮，返回到"图表设计"对话框，如图7-70所示，单击"确定"按钮，完成图表图案的定义。

图7-67　　　　　　图7-68　　　　　　图7-69　　　　　　图7-70

13 返回正在编辑的页面，选取图表，选择"对象 > 图表 > 柱形图"命令，弹出"图表列"对话框，选择新定义的图案名称，其他设置如图7-71所示，单击"确定"按钮，如图7-72所示。

图7-71　　　　　　　　图7-72

14 选择编组选择工具，按住Shift键的同时，依次单击选取需要的图形，如图7-73所示。按Delete键将其删除，效果如图7-74所示。

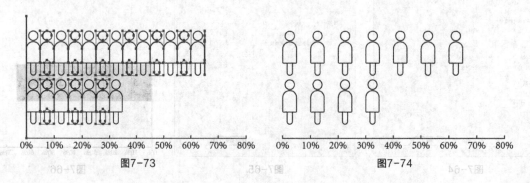

图7-73　　　　　　　　　　图7-74

156

15 选择编组选择工具 ，按住 Shift键的同时，依次单击选取需要的图形，如图7-75所示。设置填充色（其C、M、Y、K的值分别为65、21、0、0），填充图形，并设置描边色为无，效果如图7-76所示。

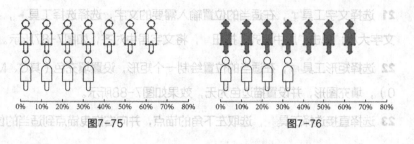

图7-75   图7-76

16 选择编组选择工具 ，用框选的方法将刻度线同时选取，设置描边色（其C、M、Y、K的值分别为0、0、0、60），填充描边，效果如图7-77所示。

17 选择编组选择工具 ，用框选的方法将下方数值同时选取，在属性栏中选择合适的字体并设置文字大小；设置填充色（其C、M、Y、K的值分别为0、0、0、60），填充文字，效果如图7-78所示。

18 选择直接选择工具 ，选取需要的路径，如图7-79所示。选择钢笔工具 ，在路径上适当的位置分别单击鼠标左键，添加两个锚点，如图7-80所示。在不需要的锚点上单击鼠标左键，删除锚点，如图7-81所示。

图7-77   图7-78   图7-79   图7-80   图7-81

19 选择直接选择工具 ，用框选的方法选取左下角的锚点，如图7-82所示，向左拖曳锚点到适当的位置，如图7-83所示。用相同的方法调整右下角的锚点，如图7-84所示。

20 选择编组选择工具 ，按住Shift键的同时，依次单击选取需要的图形，设置填充色（其C、M、Y、K的值分别为0、75、36、0），填充图形，并设置描边色为无，效果如图7-85所示。用相同的方法调整其他图形，并填充相应的颜色，效果如图7-86所示。

图7-82   图7-83   图7-84   图7-85   图7-86

21 选择文字工具 T ，在适当的位置输入需要的文字，选择选择工具 ▶ ，在属性栏中选择合适的字体并设置文字大小；单击"居中对齐"按钮 ≡ ，将文字居中对齐，如图7-87所示。

22 选择矩形工具 ▢ ，在适当的位置绘制一个矩形，设置填充色（其C、M、Y、K的值分别为65、21、0、0），填充图形，并设置描边色为无，效果如图7-88所示。

23 选择直接选择工具 ▷ ，选取左下角的锚点，并向右拖曳锚点到适当的位置，效果如图7-89所示。

图7-87　　　　　　　　　　图7-88　　　　　　　　　　图7-89

24 用相同的方法调整右下角的锚点，效果如图7-90所示。选择选择工具 ▶ ，选取图形，按Ctrl+C组合键，复制图形，按Ctrl+B组合键，将复制的图形粘贴在后面。按→和↓方向键，微调复制的图形到适当的位置，效果如图7-91所示。设置填充色（其C、M、Y、K的值分别为45、0、4、0），填充复制的图形，效果如图7-92所示。

图7-90　　　　　　　　　　图7-91　　　　　　　　　　图7-92

25 选择文字工具 T ，在适当的位置输入需要的文字，选择选择工具 ▶ ，在属性栏中选择合适的字体并设置文字大小，效果如图7-93所示。设置填充色（其C、M、Y、K的值分别为4、4、10、0），填充文字，效果如图7-94所示。

图7-93　　　　　　　　　　图7-94

26 按Ctrl+T组合键，弹出"字符"控制面板，将"设置行距" ⌃A 设置为24pt，其他设置如图7-95所示；按Enter键确定操作，效果如图7-96所示。娱乐直播统计图表制作完成，效果如图7-97所示。

图7-95　　　　　　　　　图7-96　　　　　　　　　图7-97

7.3.2 自定义图表图案

"设计"命令可以将选择的图形对象创建为图表中替代柱形和图例的设计图案。

在页面中绘制图形，效果如图7-98所示。选中图形，选择"对象 > 图表 > 设计"命令，弹出"图表设计"对话框。单击"新建设计"按钮，在预览框中将会显示绘制的图形，对话框中的"删除设计"按钮、"重命名"按钮、"粘贴设计"按钮和"选择未使用的设计"按钮将被激活，如图7-99所示。

单击"重命名"按钮，弹出"图表设计"对话框，在对话框中可以输入图案的名称，如图7-100所示，单击"确定"按钮，完成命名。

图7-98　　　　　　　　　图7-99　　　　　　　　　图7-100

在"图表设计"对话框中单击"粘贴设计"按钮，可以将图案粘贴到页面中，对其重新进行修改和编辑。编辑修改后的图案，还可以再将其重新定义。在对话框中编辑完成后，单击"确定"按钮，即可完成对图表图案的定义。

7.3.3 应用图表图案

"柱形图"命令可以使用定义的图案替换图表中的柱形和标记。用户可以将自定义的图案应用到图表中。选择要应用图案的图表，再选择"对象 > 图表 > 柱形图"命令，弹出"图表列"对话框。

在"图表列"对话框中，"列类型"选项包括4种缩放图案的类型，"垂直缩放"选项表示根据数据的大小，对图表的自定义图案进行垂直方向上的放大与缩小，水平方向上保持不变；"一致缩放"选项表示图表将按照图案的比例并结合图表中数据的大小对图案进行放大和缩小；"重复堆叠"选项可以把图案以重复堆积的方式填满柱形；"局部缩放"选项与"垂直缩放"选项类似，可以指定伸展或缩放的位置。"重复堆叠"选项要与"每个设计表示"选项、"对于分数"选项结合使用。"每个设计表示"选项表示每个图案代表几个单位,如果在数值框中输入50,表示1个图案就代表50个单位;在"对于分数"选项的下拉列表中,"截断设计"选项表示不足一个图案由图案的一部分来表示;"缩放设计"选项表示不足一个图案时,通过对最后那个图案成比例地压缩来表示。在"图表列"对话框中进行设置,如图7-101所示,单击"确定"按钮,将自定义的图案应用到图表中,如图7-102所示。

图7-101

图7-102

课堂练习——制作用户年龄分布图表

练习知识要点 使用文字工具、字符控制面板添加标题及介绍性文字,使用矩形工具、变换面板和直排文字工具制作分布模块,使用饼图工具建立饼图图表,效果如图7-103所示。

素材所在位置 学习资源\Ch07\素材\制作用户年龄分布图表\01。

效果所在位置 学习资源\Ch07\效果\制作用户年龄分布图表.ai。

图7-103

课后习题——制作旅行主题偏好图表

习题知识要点 使用矩形工具、直线段工具、文字工具和倾斜工具制作标题文字,使用条形图工具建立条形图表,使用编组选择工具、填充工具更改图表颜色,效果如图7-104所示。

素材所在位置 学习资源\Ch07\素材\制作旅行主题偏好图表\01。

效果所在位置 学习资源\Ch07\效果\制作旅行主题偏好图表.ai。

图7-104

第 8 章

图层和蒙版

本章介绍

本章将讲解Illustrator 2020中图层和蒙版的使用方法。
图层和蒙版的功能，可以帮助读者在图形设计中提高效率，
快速、准确地设计和制作出精美的平面作品。

学习目标

- 了解图层的含义与图层控制面板。
- 掌握图层的基本操作方法。
- 掌握蒙版的创建和编辑方法。
- 掌握透明度控制面板的使用方法。

技能目标

- 掌握"礼券"的制作方法。

8.1 图层的使用

在平面设计中，特别是包含复杂图形的设计中，需要在页面上创建多个对象，每个对象的大小不一致时，小的对象可能隐藏在大的对象下面。这样，选择和查看对象就很不方便。使用图层来管理对象，就可以很好地解决这个问题。图层就像一个文件夹，它可包含多个对象。

8.1.1 图层的含义

选择"文件 > 打开"命令，弹出"打开"对话框，选择需要的文件，单击"打开"按钮，打开图像，效果如图8-1所示。打开图像后，观察"图层"控制面板，可以发现在"图层"控制面板中显示出了3个图层，如图8-2所示。

如果只想看到"图层1" 👁 │ 〉 🔲图层 1 ○ 上的图像，用鼠标依次单击其他图层前的眼睛图标 👁，其他图层上的眼睛图标 👁 将关闭，如图8-3所示，这样就只显示"图层1"，此时图像效果如图8-4所示。

图8-1   图8-2   图8-3   图8-4

Illustrator的图层是透明层，在每一层中可以放置不同的图像，上面的图层将影响下面的图层，修改其中的某一图层不会改动其他的图层，将这些图层叠在一起显示在图像视窗中，就形成了完整的图像。

8.1.2 "图层"控制面板

打开图像，选择"窗口 > 图层"命令（快捷键为F7），弹出"图层"控制面板，如图8-5所示。

在"图层"控制面板的右上方有两个按钮 ≪ ✕，分别是"折叠为图标"按钮和"关闭"按钮。单击"折叠为图标"按钮，可以将"图层"控制面板折叠为图标；单击"关闭"按钮，可以关闭"图层"控制面板。

图层名称显示在当前图层中。默认状态下，在新建图层时，如果未指定名称，软件将以数字的递增为图层指定名称，如图层1、图层2等，根据需要可以为图层重新命名。

图8-5

单击图层名称前的三角形按钮 ❯ ，可以展开或折叠图层。当按钮为 ❯ 时，表示此图层中的内容处于未显示状态，单击此按钮就可以展开当前图层中所有的选项；当按钮为 ❮ 时，表示显示了图层中的选项，单击此按钮，可以将图层折叠起来。

眼睛 ◉ 图标用于显示或隐藏图层；图层右上方的黑色三角形图标 ◣ ，表示当前正被编辑的图层；锁定 🔒 图标表示当前图层和透明区域被锁定，不能被编辑。

在"图层"控制面板的最下面有6个按钮，如图8-6所示，它们从左至右依次为收集以导出、定位对象、建立/释放剪切蒙版、创建新子图层、创建新图层和删除所选图层。

"收集以导出"按钮 🔲 ：单击此按钮，打开"资源导出"控制面板，可以导出当前图层的内容。

"定位对象"按钮 🔍 ：单击此按钮，可以选中所选对象所在的图层。

"建立/释放剪切蒙版"按钮 🔳 ：单击此按钮，将在当前图层上建立或释放一个蒙版。

"创建新子图层"按钮 🔽 ：单击此按钮，可以为当前图层新建一个子图层。

"创建新图层"按钮 🔳 ：单击此按钮，可以在当前图层上面新建一个图层。

"删除所选图层"按钮 🗑 ：可以将不想要的图层拖到此处删除。

单击"图层"控制面板右上方的图标 ≡ ，可以弹出其下拉式菜单。

 ⬈ 🔍 ▣ ⬆ ▤ 🗑
图8-6

8.1.3 编辑图层

使用图层时，可以通过"图层"控制面板对图层进行编辑，如新建图层、新建子图层、为图层设定选项、合并图层和建立图层蒙版等，这些操作也可以通过选择"图层"控制面板下拉式菜单中的命令来完成。

1. 新建图层

（1）使用"图层"控制面板下拉式菜单。

单击"图层"控制面板右上方的图标 ≡ ，在弹出的菜单中选择"新建图层"命令，弹出"图层选项"对话框，如图8-7所示。"名称"选项用于设定当前图层的名称，"颜色"选项用于设定新图层的颜色，设置完成后，单击"确定"按钮，可以得到一个新的图层。

（2）使用"图层"控制面板按钮或快捷键。

图8-7

单击"图层"控制面板下方的"创建新图层"按钮 🔳 ，可以创建一个新图层。

按住Alt键，单击"图层"控制面板下方的"创建新图层"按钮 🔳 ，将弹出"图层选项"对话框。

按住Ctrl键，单击"图层"控制面板下方的"创建新图层"按钮 🔳 ，不管当前选择的是哪一个图层，都可以在图层列表的最上层新建一个图层。

如果要在当前选中的图层中新建一个子图层，可以单击"创建新子图层"按钮 🔽 ，或从"图层"控制面板下拉式菜单中选择"新建子图层"命令。按住Alt键的同时，单击"创建新子图层"按钮 🔽 ，也可以弹出"图层选项"对话框，进行设置后新建子图层。

2. 选择图层

单击图层名称，图层会显示为深灰色，并在名称后出现一个当前图层指示图标，即黑色三角形图标 ，表示此图层被选择为当前图层。

按住Shift键，分别单击两个图层，即可选择两个图层之间多个连续的图层。

按住Ctrl键，逐个单击想要选择的图层，可以选择多个不连续的图层。

3. 复制图层

复制图层时，会复制图层中包含的所有对象，包括路径、编组。

（1）使用"图层"控制面板下拉式菜单。

选择要复制的"图层3"图层，如图8-8所示。
单击"图层"控制面板右上方的图标 ，在弹出的
菜单中选择"复制'图层3'"命令，复制出的图层
在"图层"控制面板中显示为被复制图层的副本。
复制图层后，"图层"控制面板如图8-9所示。

图8-8　　　　　　　　　　　　　　图8-9

（2）使用"图层"控制面板按钮。

将"图层"控制面板中需要复制的图层拖曳到下方的"创建新图层"按钮 上，就可以将所选的图层复制为一个新图层。

4. 删除图层

（1）使用"图层"控制面板的下拉式命令。

选择要删除的"图层3_复制"图层，如图8-10所示。单击"图层"控制面板右上方的图标 ，在弹出的菜单中选择"删除'图层3_复制'"命令，如图8-11所示，图层即可被删除，删除图层后的"图层"控制面板如图8-12所示。

图8-10　　　　　　　　　　图8-11　　　　　　　　　　图8-12

（2）使用"图层"控制面板按钮。

选择要删除的图层，单击"图层"控制面板下方的"删除所选图层"按钮 ，可以将图层删除。将需要删除的图层拖曳到"删除所选图层"按钮 上，也可以删除图层。

5. 隐藏或显示图层

隐藏一个图层时，此图层中的对象在绘图页面上不显示，在"图层"控制面板中可以隐藏或显示图层。

（1）使用"图层"控制面板的下拉式菜单。

选中一个图层，如图8-13所示。单击"图层"控制面板右上方的图标 ☰，在弹出的菜单中选择"隐藏其他图层"命令，"图层"控制面板中除当前选中的图层外，其他图层都被隐藏了，如图8-14所示。

图8-13 　　　　　　　　　　图8-14

（2）使用"图层"控制面板中的眼睛 ● 图标。

在"图层"控制面板中单击想要隐藏的图层左侧的眼睛 ● 图标，图层被隐藏。再次单击眼睛图标所在位置的方框，会重新显示此图层。

在一个图层的眼睛 ● 图标上按住鼠标，不放并向上或向下拖曳，光标经过的图层就会被隐藏，这样可以快速隐藏多个图层。

（3）使用"图层选项"对话框。

在"图层"控制面板中双击图层或图层名称，可以弹出"选项"对话框，取消勾选"显示"复选框，单击"确定"按钮，图层被隐藏。

6. 锁定图层

当锁定图层后，此图层中的对象不能再被选择或编辑。使用"图层"控制面板，能够快速锁定多个路径、编组和子图层。

（1）使用"图层"控制面板的下拉式菜单。

选中一个图层，如图8-15所示。单击"图层"控制面板右上方的图标 ☰，在弹出的菜单中选择"锁定其他图层"命令，"图层"控制面板中除当前选中的图层外，其他所有图层都被锁定，如图8-16所示。选择"解锁所有图层"命令，可以解除对所有图层的锁定。

图8-15 　　　　　　　　　　图8-16

（2）使用对象命令。

选择"对象 > 锁定 > 其他图层"命令，可以锁定其他未被选中的图层。

（3）使用"图层"控制面板中的锁定图标。

在想要锁定的图层左侧的方框中单击鼠标，出现锁定 🔒 图标，图层被锁定。单击锁定 🔒 图标，图标消失，即解除对此图层的锁定状态。

在一个图层左侧的方框中按住鼠标不放，并向上或向下拖曳，鼠标经过的方框中出现锁定 🔒 图标，可以快速锁定多个图层。

（4）使用"图层选项"对话框。

在"图层"控制面板中双击图层或图层名称，可以弹出"选项"对话框，选择"锁定"复选项，单击"确定"按钮，图层被锁定。

7. 合并图层

在"图层"控制面板中选择需要合并的图层，如图8-17所示，单击"图层"控制面板右上方的图标 ≡，在弹出的菜单中选择"合并所选图层"命令，选择的图层将合并到最后一个选择的图层或编组中，如图8-18所示。

图8-17

图8-18

选择弹出式菜单中的"拼合图稿"命令，所有可见的图层将合并为一个图层，合并图层时，不会改变对象在绘图页面中的排序。

8.1.4 使用图层

使用"图层"控制面板可以选择绘图页面中的对象，还可以切换对象的显示模式，更改对象的外观属性。

1. 选择对象

（1）使用"图层"控制面板中的目标图标。

在同一图层中的几个图形对象处于未选取状态，如图8-19所示。单击"图层"控制面板中要选择对象所在图层右侧的目标图标 ○，目标图标变为 ◎，如图8-20所示。此时，图层中的对象被全部选中，效果如图8-21所示。

（2）结合快捷键并使用"图层"控制面板。

按住Alt键的同时，单击"图层"控制面板中的图层名称，此图层中的对象将被全部选中。

（3）使用"选择"菜单下的命令。

使用选择工具 ▶ 选中同一图层中的一个对象，如图8-22所示。选择"选择 > 对象 > 同一图层上的所有对象"命令，此图层中的对象被全部选中，如图8-23所示。

图8-19　　　　　图8-20　　　　　图8-21　　　　　图8-22　　　　　图8-23

2. 更改对象的外观属性

使用"图层"控制面板可以轻松地改变对象的外观。如果对一个图层应用一种特殊效果，则在该图层中的所有对象都将应用这种效果。如果将图层中的对象移动到此图层之外，对象将不再具有这种效果。因为效果仅仅作用于该图层，而不是对象。

选中一个想要改变对象外观属性的图层，如图8-24所示，选取图层中的全部对象，如图8-25所示。选择"效果 > 变形 > 上弧形"命令，在弹出的"变形选项"对话框中进行设置，如图8-26所示，单击"确定"按钮，选中的图层中包括的对象全部变成弧形效果，如图8-27所示。

图8-24　　　　　图8-25　　　　　　　　图8-26　　　　　　　　图8-27

"图层"控制面板中图层的目标图标○也是变化的。当目标图标显示为○时，当前图层在绘图页面上没有对象被选择，并且没有外观属性；当目标图标显示为◎时，当前图层在绘图页面上有对象被选择，且没有外观属性；当目标图标显示为●时，当前图层在绘图页面上没有对象被选择，但有外观属性；当目标图标显示为◉时，当前图层在绘图页面上有对象被选择，也有外观属性。

选择具有外观属性的对象所在的图层，拖曳此图层的目标图标到需要应用的图层的目标图标上，就可以移动对象的外观属性。在拖曳的同时按住Alt键，可以复制图层中对象的外观属性。

选择具有外观属性的对象所在的图层，拖曳此图层的目标图标到"图层"控制面板底部的"删除所选图层"按钮🗑上，可以取消此图层中对象的外观属性。如果此图层中包括路径，将会保留路径的填充和描边填充。

8.2 剪切蒙版

将一个对象制作为蒙版后，对象的内部变得完全透明，这样就可以显示下面的被蒙版对象，同时也可以遮挡住不需要显示或打印的部分。

8.2.1 课堂案例——制作礼券

案例学习目标 学习使用文字工具和图层控制面板制作礼券。

案例知识要点 使用置入命令置入底图，使用椭圆工具、缩放命令、渐变工具和圆角矩形工具制作装饰图形，使用剪切蒙版命令制作图片的剪切蒙版效果，使用文字工具、字符控制面板和段落控制面板添加文字，礼券效果如图8-28所示。

效果所在位置 学习资源\Ch08\效果\制作礼券.ai。

图8-28

1. 制作礼券正面

01 按Ctrl+N组合键，弹出"新建文档"对话框，设置文档的宽度为180mm，高度为90mm，取向为横向，出血为3mm，颜色模式为CMYK，单击"创建"按钮，新建一个文档。

02 选择"窗口 > 图层"命令，弹出"图层"控制面板，双击"图层1"，弹出"图层选项"对话框，设置如图8-29所示，单击"确定"按钮，"图层"控制面板显示如图8-30所示。

03 选择"文件 > 置入"命令，弹出"置入"对话框，选择学习资源中的"Ch08\素材\制作礼券\01"文件，单击"置入"按钮，在页面中单击置入图片，单击属性栏中的"嵌入"按钮，嵌入图片。选择选择工具▶，拖曳图片到适当的位置，效果如图8-31所示。按Ctrl+2组合键，锁定所选对象。

04 选择椭圆工具◎，按住Shift键的同时，在适当的位置绘制一个圆形，设置描边色（其C、M、Y、K的值分别为18、52、90、0），填充描边，效果如图8-32所示。

图8-29

图8-30

图8-31

图8-32

05 选择"对象 > 变换 > 缩放"命令，在弹出的
"比例缩放"对话框中进行设置，如图8-33所示；
单击"复制"按钮，缩小并复制圆形，效果如图
8-34所示。

图8-33　　　　　　　　　　　　　　图8-34

06 按Ctrl+D组合键，再复制出一个圆形，效果如图8-35所示。双击渐变工具■，弹出"渐变"控制面
板，选中"线性渐变"按钮■，在色带上设置两个渐变滑块，分别将渐变滑块的位置设为0、100，并设置
C、M、Y、K的值分别为0（90、76、31、0）、100（95、93、44、11），其他设置如图8-36所示，
图形被填充为渐变色，并设置描边色为无，效果如图8-37所示。

图8-35　　　　　　　　　　图8-36　　　　　　　　　　图8-37

07 选择圆角矩形工具■，在页面中单击鼠标左键，弹出"圆角矩形"对话框，设置如图8-38所示，单击
"确定"按钮，出现一个圆角矩形。选择选择工具▶，拖曳圆角矩形到适当的位置，效果如图8-39所示。
设置填充色（其C、M、Y、K的值分别为90、76、31、0），填充图形，并设置描边色为无，效果如图
8-40所示。

图8-38　　　　　　　　　图8-39　　　　　　　　　　图8-40

08 用相同的方法绘制其他圆角矩形，并填充相同的颜色，效果如图8-41所示。选择选择工具▶，按住
Shift键的同时，依次单击圆角矩形将其同时选取，按Ctrl+G组合键，将其编组，如图8-42所示。

09 选取下方渐变圆形，按Ctrl+C组合键，复制圆形，按Shift+Ctrl+V组合键，原位粘贴圆形，如图8-43所示。按住Shift键的同时，单击下方编组图形将其同时选取，如图8-44所示，按Ctrl+7组合键，建立剪切蒙版，效果如图8-45所示。

图8-41

图8-42

图8-43

图8-44

图8-45

10 按Ctrl+O组合键，打开学习资源中的"Ch08\素材\制作礼券\02"文件，选择选择工具▶，选取需要的图形，按Ctrl+C组合键，复制图形。选择正在编辑的页面，按Ctrl+V组合键，将其粘贴到页面中，并拖曳复制的图形到适当的位置，效果如图8-46所示。

11 选择直排文字工具 ⅠT，在适当的位置输入需要的文字，选择选择工具▶，在属性栏中选择合适的字体并设置文字大小，如图8-47所示。设置填充色（其C、M、Y、K的值分别为11、40、89、0），填充文字，效果如图8-48所示。

图8-46

图8-47

图8-48

12 选择"文件 > 置入"命令，弹出"置入"对话框，选择学习资源中的"Ch08\素材\制作礼券\03"文件，单击"置入"按钮，在页面中单击置入图片，单击属性栏中的"嵌入"按钮，嵌入图片。选择选择工具▶，拖曳图片到适当的位置，效果如图8-49所示。

13 选择直排文字工具 ⅠT，在适当的位置输入需要的文字，选择选择工具▶，在属性栏中选择合适的字体并设置文字大小，如图8-50所示。设置填充色（其C、M、Y、K的值分别为29、95、73、0），填充文字，效果如图8-51所示。

图8-49

图8-50

图8-51

14 按Ctrl+T组合键，弹出"字符"控制面板，将"设置所选字符的字距调整" V/A 设置为100，其他设置如图8-52所示；按Enter键确定操作，效果如图8-53所示。

15 选择文字工具 T ，在适当的位置分别输入需要的文字，选择选择工具 ▶ ，在属性栏中分别选择合适的字体并设置文字大小，效果如图8-54所示。

图8-52

图8-53

图8-54

16 选择文字工具 T ，在适当的位置单击鼠标左键，插入光标，如图8-55所示。选择"文字 > 字形"命令，弹出"字形"控制面板，设置字体并选择需要的字形，如图8-56所示，双击鼠标左键插入字形，效果如图8-57所示。

图8-55

图8-56

图8-57

17 选择选择工具 ▶ ，用框选的方法将需要的图形和文字同时选取，如图8-58所示，按Ctrl+C组合键，复制图形（此图形和文字作为备用）。

图8-58

2. 制作礼券背面

01 单击"图层"控制面板下方的"创建新图层"按钮 ，生成新的图层并将其命名为"背面"，如图8-59所示。单击"正面"图层左侧的眼睛 图标，将"正面"图层隐藏，如图8-60所示。

图8-59

图8-60

02 选择"文件 > 置入"命令，弹出"置入"对话框，选择学习资源中的"Ch08\素材\制作礼券\04"文件，单击"置入"按钮，在页面中单击置入图片，单击属性栏中的"嵌入"按钮，嵌入图片。选择选择工具 ▶，拖曳图片到适当的位置，效果如图8-61所示。

03 按Ctrl+2组合键，锁定所选对象。按Shift+Ctrl+V组合键，原位粘贴图形和文字以作为备用，如图8-62所示。

图8-61 图8-62

04 分别调整图形和文字的位置，效果如图8-63所示。选择文字工具 T，选取并重新输入文字，效果如图8-64所示。

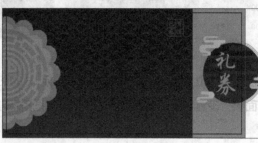

图8-63 图8-64

05 选择选择工具 ▶，用框选的方法将需要的图形和文字同时选取，按Ctrl+G组合键，将其编组，如图8-65所示。选择矩形工具 ▢，在适当的位置绘制一个矩形，如图8-66所示。

06 选择选择工具 ▶，按住Shift键的同时，单击下方编组图形将其同时选取，如图8-67所示，按Ctrl+7组合键，建立剪切蒙版，效果如图8-68所示。

图8-65 图8-66 图8-67 图8-68

07 选择文字工具 T，在适当的位置输入需要的文字，选择选择工具 ▶，在属性栏中选择合适的字体并设置文字大小，效果如图8-69所示。设置填充色（其C、M、Y、K的值分别为11、40、89、0），填充文字，效果如图8-70所示。

图8-69 图8-70

08 在"字符"控制面板中将"设置行距"设置为12 pt，其他设置如图8-71所示；按Enter键确定操作，效果如图8-72所示。

图8-71　　　　　　　　　　　　　　图8-72

09 选择文字工具，选取需要的文字，在属性栏中选择合适的字体，效果如图8-73所示。选择"窗口 > 文字 > 段落"命令，弹出"段落"控制面板，将"左缩进"设置为-6pt，其他设置如图8-74所示；按Enter键确定操作，效果如图8-75所示。

图8-73　　　　　　　　　　图8-74　　　　　　　　　　图8-75

10 使用文字工具，选取需要的文字，如图8-76所示，选择吸管工具，将图标放置在上方标题文字上，单击鼠标左键吸取属性，效果如图8-77所示。

11 选择矩形网格工具，在页面中单击鼠标左键，弹出"矩形网格工具选项"对话框，设置如图8-78所示，单击"确定"按钮，出现一个矩形网格。选择选择工具，拖曳矩形网格到适当的位置，效果如图8-79所示。

图8-76

图8-77

图8-78

图8-79

12 保持网格选取状态，设置描边色（其C、M、Y、K的值分别为11、40、89、0），填充描边，效果如图8-80所示。

13 选择文字工具 T ，在适当的位置输入需要的文字，选择选择工具 ▶ ，在属性栏中选择合适的字体并设置文字大小，效果如图8-81所示。设置填充色（其C、M、Y、K的值分别为11、40、89、0），填充文字，效果如图8-82所示。

图8-80

图8-81

图8-82

14 在"字符"控制面板中将"设置行距" ₄ 设置为12 pt，其他设置如图8-83所示；按Enter键确定操作，效果如图8-84所示。

图8-83

图8-84

15 在页面空白处单击，取消文字选取状态，礼券正面、背面制作完成，效果如图8-85所示。

图8-85

8.2.2 创建剪切蒙版

（1）使用"创建"命令制作蒙版效果。

新建文档，选择"文件 > 置入"命令，在弹出的"置入"对话框中选择图像文件，如图8-86所示，单击"置入"按钮，图像出现在页面中，效果如图8-87所示。选择椭圆工具 ○ ，在图像上绘制一个椭圆形作为蒙版，如图8-88所示。

图8-86　　　　　　　　　　　　　图8-87　　　　　　　　　　　　　图8-88

使用选择工具 同时选中图像和椭圆形，如图8-89所示（作为蒙版的图形必须在图像的上面）。选择"对象 > 剪切蒙版 > 建立"命令（快捷键为Ctrl+7），制作出蒙版效果，如图8-90所示。图像在椭圆形蒙版外面的部分被隐藏，取消选取状态，蒙版效果如图8-91所示。

图8-89　　　　　　　　　　　　　图8-90　　　　　　　　　　　　　图8-91

（2）使用鼠标右键的弹出式命令制作蒙版效果。

使用选择工具 选中图像和椭圆形，在选中的对象上单击鼠标右键，在弹出的菜单中选择"建立剪切蒙版"命令，可以制作出蒙版效果。

（3）用"图层"控制面板中的命令制作蒙版效果。

使用选择工具 选中图像和椭圆形，单击"图层"控制面板右上方的图标 ，在弹出的菜单中选择"建立剪切蒙版"命令，可以制作出蒙版效果。

8.2.3 编辑剪切蒙版

制作蒙版后，还可以对蒙版进行编辑，如查看蒙版、锁定蒙版、添加对象到蒙版和删除被蒙版的对象等。

1. 查看蒙版

使用选择工具 选中蒙版图像，如图8-92所示。单击"图层"控制面板右上方的图标 ，在弹出的菜单中选择"定位对象"命令，"图层"控制面板如图8-93所示，可以在"图层"控制面板中查看蒙版状态，也可以编辑蒙版。

2．锁定蒙版

使用选择工具 ▶ 选中需要锁定的蒙版图像，如图8-94所示。选择"对象 > 锁定 > 所选对象"命令，可以锁定蒙版图像，效果如图8-95所示。

图8-92

图8-93

图8-94

图8-95

3．添加对象到蒙版

选中要添加的对象，如图8-96所示。选择"编辑 > 剪切"命令，剪切该对象。使用直接选择工具 ▷ 选中被蒙版图形中的对象，如图8-97所示。选择"编辑 > 贴在前面、贴在后面"命令，就可以将要添加的对象粘贴到相应的蒙版图形的前面或后面，并成为图形的一部分，贴在前面的效果如图8-98所示。

图8-96

图8-97

图8-98

4．删除被蒙版的对象

选中被蒙版的对象，选择"编辑 > 清除"命令或按Delete键，可以删除被蒙版的对象。

在"图层"控制面板中选中被蒙版对象所在图层，再单击"图层"控制面板下方的"删除所选图层"按钮 🗑，也可删除被蒙版的对象。

8.3 "透明度"控制面板

在"透明度"控制面板中可以为对象添加透明度，还可以设置透明度的混合模式。

8.3.1 了解"透明度"控制面板

透明度是Illustrator中对象的一个重要外观属性。Illustrator 2020的透明度可以设置绘图页面上的对象为完全透明、半透明和不透明3种状态。在"透明度"控制面板中可以给对象添加不透明度，还可以改变混合模式，从而制作出新的效果。

选择"窗口 > 透明度"命令（快捷键为Shift+Ctrl+F10），弹出"透明度"控制面板，如图8-99所示。单击控制面板右上方的图标▤，在弹出的菜单中选择"显示缩览图"命令，可以将"透明度"控制面板中的缩览图显示出来，如图8-100所示。在弹出的菜单中选择"显示选项"命令，可以将"透明度"控制面板中的选项显示出来，如图8-101所示。

图8-99　　　　　　　　　图8-100　　　　　　　　　图8-101

1. "透明度"控制面板的表面属性

在图8-101所示的"透明度"控制面板中，当前选中对象的缩略图出现在其中。将"不透明度"设置为不同的数值，效果如图8-102所示，默认状态下，对象是完全不透明的。

不透明度值为0%　　　　不透明度值为50%　　　　不透明度值为100%

图8-102

选择"隔离混合"选项，可以使不透明度设置只影响当前组合或图层中的其他对象。

选择"挖空组"选项，可以使不透明度设置不影响当前组合或图层中的其他对象，但背景对象仍然受影响。

选择"不透明度和蒙版用来定义挖空形状"选项，可以使用不透明度蒙版来定义对象的不透明度所产生的效果。

选中"图层"控制面板中要改变不透明度的图层，用鼠标单击图层右侧的图标◯，将其定义为目标图层，在"透明度"控制面板的"不透明度"选项中调整不透明度的数值，此时的调整会影响整个图层的不透明度，包括此图层中已有的对象和将来绘制的任何对象。

2. "透明度"控制面板的下拉式命令

单击"透明度"控制面板右上方的图标▤，弹出其下拉菜单，如图8-103所示。

"建立不透明蒙版"命令可以将蒙版的不透明度设置应用到它所覆盖的所有对象中。

在绘图页面中选中两个对象，如图8-104所示，选择"建立不透明蒙版"命令，"透明度"控制面板如图8-105所示，效果如图8-106所示。

图8-103　　　　　　　　　　图8-104　　　　　　　　　　图8-105　　　　　　　　　　图8-106

选择"释放不透明蒙版"命令，制作的不透明蒙版将被释放，对象恢复原来的效果。选中制作的不透明蒙版，选择"停用不透明蒙版"命令，不透明蒙版被禁用，"透明度"控制面板如图8-107所示。

选中制作的不透明蒙版，选择"取消链接不透明蒙版"命令，蒙版对象和被蒙版对象之间的链接关系被取消。"透明度"控制面板中蒙版对象和被蒙版对象缩略图之间的"指示不透明蒙版链接到图稿"按钮 ⟨8⟩，转换为"单击可将不透明蒙版链接到图稿"按钮 ⟨8⟩，如图8-108所示。

图8-107　　　　　　　　　　图8-108

选中制作的不透明蒙版，勾选"透明度"控制面板中的"剪切"复选项，如图8-109所示，效果如图8-110所示。勾选"透明度"控制面板中的"反相蒙版"复选项，如图8-111所示，效果如图8-112所示。

图8-109　　　　　　　　　　图8-110　　　　　　　　　　图8-111　　　　　　　　　　图8-112

8.3.2 "透明度"控制面板中的混合模式

"透明度"控制面板提供了16种混合模式，如图8-113所示。打开图像，如图8-114所示。在图像上选择需要的图形，如图8-115所示，分别选择不同的混合模式，观察图像的变化，效果如图8-116所示。

图8-113

图8-114　　　　　　　　　图8-115

正常模式　　　变暗模式　　　正片叠底模式　　　颜色加深模式

变亮模式　　　滤色模式　　　颜色减淡模式　　　叠加模式

柔光模式　　　强光模式　　　差值模式　　　排除模式

色相模式　　　饱和度模式　　　混色模式　　　明度模式

图8-116

课堂练习——制作旅游出行微信运营海报

练习知识要点 使用置入命令、文字工具、建立剪切蒙版命令添加并编辑标题文字，使用文字工具、字符控制面板添加宣传性文字，效果如图8-117所示。

素材所在位置 学习资源\Ch08\素材\制作旅游出行微信运营海报\01、02。

效果所在位置 学习资源\Ch08\效果\制作旅游出行微信运营海报.ai。

图8-117

课后习题——制作旅游海报

习题知识要点 使用矩形工具、钢笔工具和旋转工具制作海报背景，使用透明度控制面板调整图片混合模式和不透明度，效果如图8-118所示。

素材所在位置 学习资源\Ch08\素材\制作旅游海报\01。

效果所在位置 学习资源\Ch08\效果\制作旅游海报.ai。

图8-118

第 9 章

混合与封套扭曲

本章介绍

　　本章将重点讲解混合和封套效果的制作方法。使用混合工具可以产生颜色和形状的混合，生成中间对象的逐级变形效果。封套扭曲命令是Illustrator 2020中很实用的一个命令，它可以用图形对象轮廓来约束其他对象的行为。

学习目标

● 熟练掌握混合效果的创建方法。
● 掌握封套扭曲命令的使用技巧。

技能目标

● 掌握"火焰贴纸"的制作方法。
● 掌握"音乐节海报"的制作方法。

9.1 混合工具的使用

混合命令可以创建一系列处于两个自由形状之间的路径，也就是一系列样式递变的过渡图形。该命令可以在两个或两个以上的图形对象之间使用。

9.1.1 课堂案例——制作火焰贴纸

案例学习目标 学习使用混合工具制作图形混合效果。

案例知识要点 使用星形工具、圆角命令绘制图形，使用椭圆工具、描边控制面板制作虚线，使用钢笔工具、混合工具制作火焰，火焰贴纸效果如图9-1所示。

效果所在位置 学习资源\Ch09\效果\制作火焰贴纸.ai。

图9-1

01 按Ctrl+N组合键，弹出"新建文档"对话框，设置文档的宽度为300mm，高度为300mm，取向为竖向，颜色模式为CMYK，单击"创建"按钮，新建一个文档。

02 选择星形工具 ⭐，在页面中单击鼠标左键，弹出"星形"对话框，设置如图9-2所示，单击"确定"按钮，出现一个星形。选择选择工具 ▶，拖曳星形到适当的位置，效果如图9-3所示。

图9-2

图9-3

03 选择"效果 > 风格化 > 圆角"命令，在弹出的对话框中进行设置，如图9-4所示，单击"确定"按钮，效果如图9-5所示。设置图形填充色（其C、M、Y、K的值分别为80、73、72、46），填充图形，并设置描边色为无，效果如图9-6所示。

图9-4

图9-5

图9-6

04 选择椭圆工具 ，按住Alt+Shift组合键的同时，以多角星形的中心为圆心绘制一个圆形，填充描边为白色，效果如图9-7所示。

05 选择"窗口 > 描边"命令，弹出"描边"控制面板，勾选"虚线"复选框，数值被激活，设置如图9-8所示；按Enter键确定操作，效果如图9-9所示。

图9-7

图9-8

图9-9

06 按Ctrl+C组合键，复制图形，按Ctrl+F组合键，将复制的图形粘贴在前面。选择选择工具 ▶ ，按住Alt+Shift组合键的同时，拖曳右上角的控制手柄，等比例缩小图形，效果如图9-10所示。按Shift+X组合键，互换填色和描边，效果如图9-11所示。

07 选择钢笔工具 ✐ ，在适当的位置分别绘制两个不规则闭合图形，如图9-12所示。分别设置图形填充色，外部图形颜色的C、M、Y、K的值分别为49、91、67、13，内部图形颜色的C、M、Y、K的值分别为2、45、83、0，填充图形，并设置描边色为无，效果如图9-13所示。

图9-10

图9-11

图9-12

图9-13

08 将两个图形同时选取，双击混合工具 ✍ ，在弹出的对话框中进行设置，如图9-14所示，单击"确定"按钮，在两个不规则闭合图形上单击鼠标，生成混合，效果如图9-15所示。在属性栏中将"不透明度"设置为90%，按Enter键确定操作，效果如图9-16所示。

图9-14

图9-15

图9-16

183

09 用相同的方法制作其他混合效果，如图9-17所示。选择钢笔工具 ✐，在适当的位置分别绘制两个不规则闭合图形，如图9-18所示。分别设置图形填充色，上面图形颜色的C、M、Y、K的值分别为49、91、67、13，下部图形颜色的C、M、Y、K的值分别为91、97、71、65，填充图形，并设置描边色为无，效果如图9-19所示。

图9-17

图9-18

图9-19

10 用相同的方法绘制其他图形，并填充相应的颜色，效果如图9-20所示。选择星形工具 ☆，在页面中单击鼠标左键，弹出"星形"对话框，设置如图9-21所示，单击"确定"按钮，出现一个星形。选择选择工具 ▶，拖曳星形到适当的位置，效果如图9-22所示。

图9-20

图9-21

图9-22

11 保持图形选取状态。设置图形填充色（其C、M、Y、K的值分别为4、31、89、0），填充图形，并设置描边色为无，效果如图9-23所示。

12 选择选择工具 ▶，按住Alt+Shift组合键的同时，水平向右拖曳图形到适当的位置，复制图形，效果如图9-24所示。火焰贴纸制作完成，效果如图9-25所示。

图9-23　　　　　　　　　图9-24　　　　　　　　　图9-25

9.1.2　创建与释放混合对象

选择混合命令可以对整个图形、部分路径或控制点进行混合。混合对象后，中间各级路径上的点的数量、位置及点之间线段的性质取决于起始对象和终点对象上点的数目，同时还取决于在每个路径上指定的特定点。

1. 创建混合对象

（1）应用混合工具创建混合对象。

选择选择工具▶，选取要进行混合的两个对象，如图9-26所示。选择混合工具🖫，用鼠标单击要混合的起始图像，如图9-27所示。在另一个要混合的图像上单击，将它设置为目标图像，如图9-28所示，混合图像效果如图9-29所示。

图9-26　　　　　　　　图9-27　　　图9-28　　　　　　　图9-29

（2）应用命令创建混合对象。

选择选择工具▶，选取要进行混合的对象。选择"对象 > 混合 > 建立"命令（快捷键为Alt+Ctrl+B），绘制出混合图像。

2. 创建混合路径

选择选择工具▶，选取要进行混合的对象，如图9-30所示。选择混合工具🖫，用鼠标单击要混合的起始路径上的某一节点，光标变为实心，如图9-31所示。用鼠标单击另一个要混合的目标路径上的某一节点，将它设置为目标路径，如图9-32所示。绘制出混合路径，效果如图9-33所示。

图9-30　　　　　　　　图9-31　　　图9-32　　　　　　　图9-33

> **提示**　在起始路径和目标路径上单击的节点不同，得出的混合效果也不同。

3. 继续混合其他对象

选择混合工具🖫，用鼠标单击混合路径中最后一个混合对象路径上的节点，如图9-34所示。单击想要添加的其他对象路径上的节点，如图9-35所示。继续混合对象后的效果如图9-36所示。

图9-34　　　　　　　　图9-35　　　　　　　　图9-36

4. 释放混合对象

选择选择工具▶，选取一组混合对象，如图9-37所示。选择"对象 > 混合 > 释放"命令（快捷键为 Alt+Shift+Ctrl+B），释放混合对象，效果如图9-38所示。

图9-37　　　　　　　　　　　　　　　　图9-38

5. 使用混合选项对话框

选择选择工具▶，选取要进行混合的对象，如图9-39所示。选择"对象 > 混合 > 混合选项"命令，弹出"混合选项"对话框，在对话框中"间距"选项的下拉列表中选择"平滑颜色"，可以使混合的颜色保持平滑，如图9-40所示。

在对话框中"间距"选项的下拉列表中选择"指定的步数"，可以设置混合对象的步骤数，如图9-41所示。在对话框中"间距"选项的下拉列表中选择"指定的距离"，可以设置混合对象间的距离，如图9-42所示。

图9-39　　　　　　图9-40　　　　　　图9-41　　　　　　图9-42

在对话框的"取向"选项组中有"对齐页面"和"对齐路径"两个选项可以选择，如图9-43所示。设置每个选项后，单击"确定"按钮。选择"对象 > 混合 > 建立"命令，将对象混合，效果如图9-44所示。

图9-43　　　　　　　　　　　图9-44

9.1.3 混合的形状

混合命令可以将一种形状变形成另一种形状。

1. 多个对象的混合变形

选择钢笔工具 ✍️，在页面上绘制4个形状不同的对象，如图9-45所示。

选择混合工具 🖌️，单击第1个对象，接着按照顺时针的方向，依次单击对象，效果如图9-46所示。

图9-45 第1步 第2步 第3步

图9-46

2. 绘制立体效果

选择钢笔工具 ✍️，在页面上绘制灯笼的上底、下底和边缘线，如图9-47所示。选取灯笼的左右两条边缘线，如图9-48所示。

选择"对象 > 混合 > 混合选项"命令，弹出"混合选项"对话框，设置"指定的步数"选项的数值为4，在"取向"选项组中选择"对齐页面"选项，如图9-49所示，单击"确定"按钮。选择"对象 > 混合 > 建立"命令，灯笼的立体效果即绘制完成，如图9-50所示。

图9-47

图9-48

图9-49

图9-50

9.1.4 编辑混合路径

在制作混合图形之前，需要修改混合选项，否则系统将采用默认的设置建立混合图形。

混合得到的图形由混合路径相连接，自动创建的混合路径默认是直线，如图9-51所示，可以对这条混合路径进行编辑。编辑混合路径可以添加、减少控制点，以及扭曲混合路径，也可将直角控制点转换为曲线控制点。

图9-51

选择"对象 > 混合 > 混合选项"命令，弹出"混合选项"对话框，如图9-52所示，"间距"选项组中包括3个选项。

"平滑颜色"选项：按进行混合的两个图形的颜色和形状来确定混合的步数，为默认的选项，效果如图9-53所示。

图9-52

图9-53

"指定的步数"选项：控制混合的步数。当"指定的步数"选项为2时，效果如图9-54所示。当"指定的步数"选项为6时，效果如图9-55所示。

图9-54

图9-55

"指定的距离"选项：控制每一步混合的距离。当"指定的距离"选项为25时，效果如图9-56所示。当"指定的距离"选项为2时，效果如图9-57所示。

图9-56

图9-57

如果想要将混合图形与存在的路径结合，同时选取混合图形和外部路径，选择"对象 > 混合 > 替换混合轴"命令，可以替换混合图形中的混合路径，混合前后的效果对比如图9-58和图9-59所示。

图9-58　　图9-59

9.1.5 操作混合对象

1. 改变混合图像的重叠顺序

选取混合图像，选择"对象 > 混合 > 反向堆叠"命令，混合图像的重叠顺序将被改变，改变前后的效果对比如图9-60和图9-61所示。

图9-60

图9-61

2. 打散混合图像

选取混合图像，选择"对象 > 混合 > 扩展"命令，混合图像将被打散，打散前后的效果对比如图9-62和图9-63所示。

图9-62

图9-63

9.2 封套扭曲命令的使用

Illustrator 2020中提供了不同形状的封套类型，利用不同的封套类型可以改变选定对象的形状。封套不仅可以应用到选定的图形中，还可以应用于路径、复合路径、文本对象、网格、混合或导入的位图当中。当对一个对象使用封套时，对象就像被放入一个特定的容器中，封套使对象的本身发生相应的变化。同时，对于应用了封套的对象，还可以对其进行一定的编辑，如修改、删除等。

9.2.1 课堂案例——制作音乐节海报

案例学习目标 学习使用绘图工具和封套扭曲命令制作音乐节海报。

案例知识要点 使用添加锚点工具和锚点工具添加并编辑锚点，使用极坐标网格工具、渐变工具、用网格建立命令和直接选择工具制作装饰图形，使用矩形工具、用变形建立命令制作琴键，音乐节海报效果如图9-64所示。

效果所在位置 学习资源\Ch09\效果\制作音乐节海报.ai。

图9-64

01 按Ctrl+N组合键，弹出"新建文档"对话框，设置文档的宽度为1080px，高度为1440px，取向为竖向，颜色模式为RGB，单击"创建"按钮，新建一个文档。

02 选择矩形工具■，绘制一个与页面大小相等的矩形，设置填充色（其R、G、B的值分别为250、233、217），填充图形，并设置描边色为无，效果如图9-65所示。

03 选择矩形工具■，在适当的位置再绘制一个矩形，设置填充色（其R、G、B的值分别为47、50、139），填充图形，并设置描边色为无，效果如图9-66所示。

04 选择添加锚点工具✎，在矩形上边适当的位置单击鼠标左键，添加一个锚点，如图9-67所示。选择直接选择工具▷，按住Shift键的同时，单击右侧的锚点将其同时选取，并向下拖曳选中的锚点到适当的位置，如图9-68所示。

图9-65　　　　　图9-66　　　　　图9-67　　　　　图9-68

05 选择添加锚点工具✎，在斜边适当的位置单击鼠标左键，添加一个锚点，如图9-69所示。选择锚点工具▷，按住并拖曳锚点的控制手柄，将所选锚点转换为平滑锚点，效果如图9-70所示。拖曳下方的控制手柄到适当的位置，调整其弧度，效果如图9-71所示。

06 选择极坐标网格工具◉，在页面中单击鼠标左键，弹出"极坐标网格工具选项"对话框，设置如图9-72所示，单击"确定"按钮，出现一个极坐标网格。选择选择工具▶，拖曳极坐标网格到适当的位置，效果如图9-73所示。

图9-69　　　　图9-70　　　　图9-71　　　　图9-72　　　　图9-73

07 在属性栏中将"描边粗细"选项设置为3pt，按Enter键确定操作，效果如图9-74所示。双击渐变工具 ，弹出"渐变"控制面板，选中"线性渐变"按钮 ，在色带上设置4个渐变滑块，分别将渐变滑块的位置设为0、33、70、100，并设置R、G、B的值分别为0（68、71、153）、33（88、65、150）、70（124、62、147）、100（186、56、147），其他设置如图9-75所示，图形描边被填充为渐变色，效果如图9-76所示。

图9-74　　　　　　　　图9-75　　　　　　　　图9-76

08 选择"对象 > 封套扭曲 > 用网格建立"命令，弹出"封套网格"对话框，设置如图9-77所示，单击"确定"按钮，建立网格封套，效果如图9-78所示。

09 选择直接选择工具 ，选中并拖曳封套上需要的锚点到适当的位置，效果如图9-79所示。用相同的方法对封套其他锚点进行扭曲变形，效果如图9-80所示。

图9-77　　　　　　　图9-78　　　　　　　图9-79　　　　　　　图9-80

10 选择矩形工具 ，在页面外绘制一个矩形，设置填充色（其R、G、B的值分别为250、233、217），填充图形，并设置描边色为无，效果如图9-81所示。

11 选择选择工具 ，按住Alt+Shift组合键的同时，水平向右拖曳矩形到适当的位置，复制矩形，效果如图9-82所示。选择矩形工具 ，在适当的位置绘制一个矩形，填充图形为黑色，并设置描边色为无，效果如图9-83所示。

图9-81　　　图9-82　　　图9-83

12 选择选择工具▶，用框选的方法将所绘制的矩形同时选取，按Ctrl+G组合键，将其编组，如图9-84所示。按住Alt+Shift组合键的同时，水平向右拖曳编组图形到适当的位置，复制编组图形，效果如图9-85所示。连续按Ctrl+D组合键，复制出多个图形，效果如图9-86所示。

图9-84　　　图9-85　　　　　　　　　　　图9-86

13 选择选择工具▶，用框选的方法将所复制的图形同时选取，按Ctrl+G组合键，将其编组，如图9-87所示。

图9-87

14 双击镜像工具▷◁，弹出"镜像"对话框，设置如图9-88所示；单击"复制"按钮，镜像并复制图形，如图9-89所示。

图9-88

图9-89

15 选择选择工具▶，按住Shift键的同时，垂直向下拖曳复制的图形到适当的位置，效果如图9-90所示。

16 选择选择工具▶，按住Shift键的同时，单击原编组图形将其同时选取，如图9-91所示。

图9-90　　　　　　　　　　　　　　　图9-91

17 选择"对象 > 封套扭曲 > 用变形建立"命令，弹出"变形选项"对话框，设置如图9-92所示，单击"确定"按钮，建立鱼形封套，效果如图9-93所示。

18 选择"对象 > 封套扭曲 > 扩展"命令，打散封套图形，如图9-94所示。按Shift+Ctrl+G组合键，取消图形编组。选取下方的鱼形封套，如图9-95所示，按Delete键将其删除，效果如图9-96所示。

图9-92

图9-93

图9-94

图9-95

图9-96

19 选择选择工具，选取上方的鱼形封套，将其拖曳到页面中适当的位置，效果如图9-97所示。选择矩形工具，在适当的位置绘制一个矩形，设置描边色（其R、G、B的值分别为47、50、139），填充描边，效果如图9-98所示。

20 按Ctrl+O组合键，打开学习资源中的"Ch09\素材\制作音乐节海报\01"文件，选择选择工具，选取需要的图形，按Ctrl+C组合键，复制图形。选择正在编辑的页面，按Ctrl+V组合键，将其粘贴到页面中，并拖曳复制的图形到适当的位置，效果如图9-99所示。音乐节海报制作完成，效果如图9-100所示。

图9-97

图9-98

图9-99

图9-100

9.2.2 创建封套

当需要使用封套来改变对象的形状时，可以应用程序中预设的封套图形或使用网格工具调整对象，还可以使用自定义图形作为封套。注意，该图形必须处于所有对象的最上层。

（1）从应用程序预设的形状创建封套。

选中对象，选择"对象 > 封套扭曲 > 用变形建立"命令（快捷键为Alt+Shift+Ctrl+W），弹出"变形选项"对话框，如图9-101所示。

在"样式"选项的下拉列表中提供了15种封套类型，如图9-102所示，可根据需要选择。

193

"水平"选项和"垂直"选项用来指定封套类型的放置位置。选定一个选项，在"弯曲"选项中设置对象的弯曲程度，可以设置应用封套类型在水平或垂直方向上的比例。勾选"预览"复选项，预览设置的封套效果，单击"确定"按钮，即可将设置好的封套应用到选定的对象中，图形应用封套前后的对比效果如图9-103所示。

| 图9-101 | 图9-102 | 图9-103 |

（2）使用网格建立封套。

选中对象，选择"对象 > 封套扭曲 > 用网格建立"命令（快捷键为Alt+Ctrl+M），弹出"封套网格"对话框。在"行数"选项和"列数"选项的数值框中，可以根据需要输入网格的行数和列数，如图9-104所示，单击"确定"按钮，设置完成的网格封套将应用到选定的对象中，如图9-105所示。

设置完成的网格封套还可以通过网格工具进行编辑。选择网格工具，单击网格封套对象，即可增加对象上的网格数，如图9-106所示。按住Alt键的同时，单击对象上的网格点和网格线，可以减少网格封套的行数和列数。用网格工具拖曳网格点可以改变对象的形状，如图9-107所示。

| 图9-104 | 图9-105 | 图9-106 | 图9-107 |

（3）使用路径建立封套。

同时选中对象和想要用来作为封套的路径（这时封套路径必须处于所有对象的最上层），如图9-108所示。选择"对象 > 封套扭曲 > 用顶层对象建立"命令（快捷键为Alt+Ctrl+C），使用路径创建的封套效果如图9-109所示。

| 图9-108 | 图9-109 |

9.2.3 编辑封套

用户可以对创建的封套进行编辑。由于创建的封套是将封套和对象组合在一起的，所以用户既可以编辑封套，也可以编辑对象，但是不能同时编辑两者。

1. 编辑封套形状

选择选择工具▶，选取一个含有对象的封套。选择"对象 > 封套扭曲 > 用变形重置"命令或"用网格重置"命令，弹出"变形选项"对话框或"重置封套网格选项"对话框，这时，可以根据需要重新设置封套类型，效果如图9-110和图9-111所示。

选择直接选择工具▷或使用网格工具圙可以拖动封套上的锚点进行编辑，还可以使用变形工具◀对封套进行扭曲变形，效果如图9-112所示。

图9-110 图9-111 图9-112

2. 编辑封套内的对象

选择选择工具▶，选取含有封套的对象，如图9-113所示。选择"对象 > 封套扭曲 > 编辑内容"命令（快捷键为Shift+Ctrl+V），对象将会显示原来的选择框，如图9-114所示。这时在"图层"控制面板中的封套图层左侧将显示一个小三角形，这表示可以修改封套中的内容，如图9-115所示。

图9-113

图9-114

图9-115

9.2.4 设置封套属性

对封套进行设置，可以使封套更符合图形绘制的要求。

选择一个封套对象，选择"对象 > 封套扭曲 > 封套选项"命令，弹出"封套选项"对话框，如图9-116所示。

勾选"消除锯齿"复选项，可以在使用封套变形时防止产生锯齿，保持图形的清晰度。在编辑非直角封套时，可以选择"剪切蒙版"和"透明度"两种方式保护图形。"保真度"选项用于设置对象适合封套的保真度。勾选"扭曲外观"复选项后，下方的两个选项将被激活。"扭曲外观"选项可使对象具有外观属性，如应用了特殊效果，对象也随着发生扭曲变形。"扭曲线性渐变填充"和"扭曲图案填充"复选项，分别用于对扭曲对象进行线性渐变填充和图案填充。

图9-116

课堂练习——制作设计作品展海报

练习知识要点 使用文字工具添加文字，使用混合工具和扩展命令制作立体化文字效果，效果如图9-117所示。

素材所在位置 学习资源\Ch09\素材\制作设计作品展海报\01。

效果所在位置 学习资源\Ch09\效果\制作设计作品展海报.ai。

图9-117

课后习题——制作促销海报

习题知识要点 使用文字工具、封套扭曲命令、渐变工具和高斯模糊命令添加并编辑标题文字，使用文字工具、字符控制面板添加宣传性文字，使用圆角矩形工具、描边命令绘制虚线框，效果如图9-118所示。

素材所在位置 学习资源\Ch09\素材\制作促销海报\01。

效果所在位置 学习资源\Ch09\效果\制作促销海报.ai。

图9-118

第 10 章

效果的使用

本章介绍

    本章将主要讲解Illustrator 2020中强大的效果功能。通过本章的学习，读者可以掌握效果的使用方法，并把丰富的图形效果应用到实际中。

学习目标

● 了解Illustrator 2020的效果菜单。

● 掌握重复应用效果命令的使用方法。

● 掌握Illustrator效果的使用方法。

● 掌握Photoshop效果的使用方法。

● 掌握图形样式控制面板的使用技巧。

技能目标

● 掌握"在线教育课程海报"的制作方法。

● 掌握"学术讲座海报"的制作方法。

10.1 效果简介

在Illustrator 2020中，使用效果命令可以快速地处理图像。所有的效果命令都放置在"效果"菜单下，如图10-1所示。

"效果"菜单包括4个部分。第1个部分是重复应用上一个效果的命令，第2个部分是文档栅格化效果的设置，第3个部分是Illustrator矢量效果命令，第4个部分是Photoshop栅格效果命令，可以将它们应用于矢量图形或位图图像。

图10-1

10.2 重复应用效果命令

"效果"菜单的第1个部分有两个命令，分别是"应用上一个效果"命令和"上一个效果"命令。当没有使用过任何效果时，这两个命令灰色显示为不可用状态，如图10-2所示。当使用过效果后，这两个命令将显示为上次所使用过的效果命令。例如，如果上次使用过"效果 > 扭曲和变换 > 扭转"命令，那么命令将变为图10-3所示的命令。

应用上一个效果　Shift+Ctrl+E
上一个效果　Alt+Shift+Ctrl+E

图10-2

应用"扭转"(A)　Shift+Ctrl+E
扭转...　Alt+Shift+Ctrl+E

图10-3

选择"应用上一个效果"命令可以直接使用上次效果操作所设置好的数值，把效果添加到图像上。打开文件，如图10-4所示，使用"效果 > 扭曲和变换 > 扭转"命令，设置扭曲度为40°，如图10-5所示。选择"应用'扭转'"命令，可以保持第1次设置的数值不变，使图像再次扭曲40°，如图10-6所示。

选择"扭转"命令，弹出"扭转"对话框，可以重新输入新的数值，如图10-7所示，单击"确定"按钮，效果如图10-8所示。

图10-4

图10-5

图10-6

图10-7

图10-8

10.3 Illustrator效果

Illustrator效果为矢量效果，可以同时应用于矢量和位图对象，它包括10个效果组，有些效果组又包括多个效果。

10.3.1 课堂案例——制作在线教育课程海报

案例学习目标 学习使用文字工具和3D效果命令制作在线教育课程海报。

案例知识要点 使用文字工具、凸出和斜角命令制作立体文字效果，使用文字工具、字符控制面板添加宣传文字，在线教育课程海报效果如图10-9所示。

效果所在位置 学习资源\Ch10\效果\制作在线教育课程海报.ai。

图10-9

01 按Ctrl+N组合键，弹出"新建文档"对话框，设置文档的宽度为750px，高度为1181px，取向为竖向，颜色模式为RGB，单击"创建"按钮，新建一个文档。

02 选择矩形工具▢，绘制一个与页面大小相等的矩形。设置填充色（其R、G、B的值分别为0、152、68），填充图形，并设置描边色为无，效果如图10-10所示。

03 按Ctrl+O组合键，打开学习资源中的"Ch10\素材\制作在线教育课程海报\01"文件，选择选择工具▶，选取需要的图形，按Ctrl+C组合键，复制图形。选择正在编辑的页面，按Ctrl+V组合键，将复制的图形粘贴到页面中，并拖曳到适当的位置，效果如图10-11所示。

04 选择"效果 > 3D > 凸出和斜角"命令，弹出"3D凸出和斜角选项"对话框，设置如图10-12所示，单击"确定"按钮，效果如图10-13所示。

图10-10

图10-11

图10-12

图10-13

199

05 选择文字工具 T，在页面中分别输入需要的文字，选择选择工具 ▶，在属性栏中选择合适的字体并设置文字大小，填充文字为白色，效果如图10-14所示。

06 选取文字"GO语言工程师"，按Ctrl+T组合键，弹出"字符"控制面板，将"设置所选字符的字距调整" ᴠᴬ 设置为460，其他设置如图10-15所示，按Enter键确定操作，效果如图10-16所示。

| 图10-14 | 图10-15 | 图10-16 |

07 选取文字"本课程……规划"，在"字符"控制面板中将"设置行距" ᴬ 设置为27pt，其他设置如图10-17所示，按Enter键确定操作，效果如图10-18所示。在线教育课程海报制作完成，效果如图10-19所示。

| 图10-17 | 图10-18 | 图10-19 |

10.3.2 "3D"效果组

"3D"效果组可以将开放路径、封闭路径或位图对象转换为可以旋转、打光和投影的三维对象，如图10-20所示。

图10-20

"3D"效果组中的效果如图10-21所示。

原图像　　　　　　"凸出和斜角"效果　　　　　　"绕转"效果　　　　　　"旋转"效果

图10-21

10.3.3 "变形"效果组

"变形"效果组使对象扭曲或变形，可作用的对象有路径、文本、网格、混合和栅格图像，如图10-22所示。

"变形"效果组中的效果如图10-23所示。

图10-22

原图像　　　　　　"弧形"效果　　　　　　"下弧形"效果　　　　　　"上弧形"效果

"拱形"效果　　　　　　"凸出"效果　　　　　　"凹壳"效果　　　　　　"凸壳"效果

"旗形"效果　　　　　　"波形"效果　　　　　　"鱼形"效果　　　　　　"上升"效果

"鱼眼"效果　　　　　　"膨胀"效果　　　　　　"挤压"效果　　　　　　"扭转"效果

图10-23

10.3.4 "扭曲和变换"效果组

"扭曲和变换"效果组可以使图像产生各种扭曲变形的效果,包括7个效果命令,如图10-24所示。

"扭曲和变换"效果组中的效果如图10-25所示。

图10-24

原图像

"变换"效果

"扭拧"效果

"扭转"效果

"收缩和膨胀"效果

"波纹效果"效果

"粗糙化"效果

"自由扭曲"效果

图10-25

10.3.5 "裁剪标记"效果

"裁剪标记"命令指示了所需的打印纸张剪切的位置,效果如图10-26所示。

原图像

"裁剪标记"效果

图10-26

10.3.6 "风格化"效果组

"风格化"效果组可以增强对象的外观效果,如图10-27所示。

图10-27

1. 内发光命令

使用"内发光"命令可以在对象的内部创建发光的外观效果。选中要添加内发光效果的对象，如图 10-28 所示，选择"效果 > 风格化 > 内发光"命令，在弹出的"内发光"对话框中进行相关设置，如图 10-29 所示，单击"确定"按钮，对象的内发光效果如图 10-30 所示。

图10-28   图10-29   图10-30

2. 圆角命令

使用"圆角"命令可以为对象添加圆角效果。选中要添加圆角效果的对象，如图 10-31 所示，选择"效果 > 风格化 > 圆角"命令，在弹出的"圆角"对话框中进行相关设置，如图 10-32 所示，单击"确定"按钮，对象的效果如图 10-33 所示。

图10-31   图10-32   图10-33

3. 外发光命令

使用"外发光"命令可以在对象的外部创建发光的外观效果。选中要添加外发光效果的对象，如图 10-34 所示，选择"效果 > 风格化 > 外发光"命令，在弹出的"外发光"对话框中进行相关设置，如图 10-35 所示，单击"确定"按钮，对象的外发光效果如图 10-36 所示。

图10-34   图10-35   图10-36

4. 投影命令

使用"投影"命令可以为对象添加投影。选中要添加投影的对象，如图10-37所示，选择"效果 > 风格化 > 投影"命令，在弹出的"投影"对话框中进行相关设置，如图10-38所示，单击"确定"按钮，对象的投影效果如图10-39所示。

图10-37   图10-38   图10-39

5. 涂抹命令

选中要添加涂抹效果的对象，如图10-40所示，选择"效果 > 风格化 > 涂抹"命令，在弹出的"涂抹选项"对话框中进行相关设置，如图10-41所示，单击"确定"按钮，对象的涂抹效果如图10-42所示。

图10-40   图10-41   图10-42

6. 羽化命令

使用"羽化"命令可以将对象的边缘从实心颜色逐渐过渡为无色。选中要羽化的对象，如图10-43所示，选择"效果 > 风格化 > 羽化"命令，在弹出的"羽化"对话框中进行相关设置，如图10-44所示，单击"确定"按钮，对象的羽化效果如图10-45所示。

图10-43   图10-44   图10-45

10.4 Photoshop效果

Photoshop效果为栅格效果，用来生成像素的效果。它可以同时应用于矢量或位图对象，包括一个效果画廊和9个效果组，有些效果组又包含多个效果。

10.4.1 课堂案例——制作学术讲座海报

案例学习目标 学习使用纹理命令、艺术效果命令和画笔描边命令制作学术讲座海报。

案例知识要点 使用矩形工具、纹理化命令、置入命令和干画笔命令制作海报底图，使用文字工具、创建轮廓命令和喷色描边命令添加并编辑标题文字，学术讲座海报效果如图10-46所示。

效果所在位置 学习资源\Ch10\效果\制作学术讲座海报.ai。

图10-46

01 按Ctrl+N组合键，弹出"新建文档"对话框，设置文档的宽度为150mm，高度为200mm，取向为竖向，颜色模式为CMYK，单击"创建"按钮，新建一个文档。

02 选择矩形工具 □，绘制一个与页面大小相等的矩形，设置图形填充色（其C、M、Y、K的值分别为0、2、9、0），填充图形，并设置描边色为无，效果如图10-47所示。

03 选择"效果 > 纹理 > 纹理化"命令，在弹出的对话框中进行设置，如图10-48所示，单击"确定"按钮，效果如图10-49所示。

图10-47

图10-48

图10-49

04 选择"文件 > 置入"命令，弹出"置入"对话框，选择学习资源中的"Ch10\素材\制作学术讲座海报\01"文件，单击"置入"按钮，在页面中单击置入图片，单击属性栏中的"嵌入"按钮，嵌入图片。选择选择工具，拖曳图片到适当的位置，效果如图10-50所示。

05 选择"效果 > 艺术效果 > 干画笔"命令，在弹出的对话框中进行设置，如图10-51所示，单击"确定"按钮，效果如图10-52所示。

图10-50

图10-51

图10-52

06 在属性栏中将"不透明度"设置为80%，按Enter键确定操作，效果如图10-53所示。选择文字工具，在页面中输入需要的文字，选择选择工具，在属性栏中选择合适的字体并设置文字大小，效果如图10-54所示。

图10-53　　　　　　　图10-54

07 按Shift+Ctrl+O组合键，将文字转化为轮廓，效果如图10-55所示。选择"效果 > 画笔描边 > 喷色描边"命令，在弹出的对话框中进行设置，如图10-56所示，单击"确定"按钮，效果如图10-57所示。

图10-55

图10-56

图10-57

08 拖曳文字右上方的控制手柄，将其旋转到适当的角度，效果如图10-58所示。用相同的方法制作文字"术""讲""座"，效果如图10-59所示。

09 按Ctrl+O组合键，打开学习资源中的"Ch10\素材\制作学术讲座海报\02"文件，选择选择工具▶，选取需要的图形，按Ctrl+C组合键，复制图形。选择正在编辑的页面，按Ctrl+V组合键，将其粘贴到页面中，并拖曳复制的图形到适当的位置，效果如图10-60所示。学术讲座海报制作完成，效果如图10-61所示。

图10-58　　　　　　　图10-59　　　　　　　图10-60　　　　　　　图10-61

10.4.2 "像素化"效果组

"像素化"效果组可以将图像中颜色相似的像素合并起来，产生特殊的效果，如图10-62所示。

图10-62

"像素化"效果组中的效果如图10-63所示。

原图像　　　　　"彩色半调"效果　　　　　"晶格化"效果　　　　　"点状化"效果　　　　　"铜版雕刻"效果

图10-63

10.4.3 "扭曲"效果组

"扭曲"效果组可以对像素进行移动或插值来使图像达到扭曲的效果，如图10-64所示。

图10-64

"扭曲"效果组中的效果如图10-65所示。

原图像　　　　　　　　"扩散亮光"效果　　　　　　　"海洋波纹"效果　　　　　　　"玻璃"效果

图10-65

10.4.4 "模糊"效果组

"模糊"效果组可以削弱相邻像素之间的对比度，使图像达到柔化的效果，如图10-66所示。

图10-66

1. 径向模糊

"径向模糊"命令可以使图像产生旋转或运动的效果，模糊的中心位置可以任意调整。

选中图像，如图10-67所示。选择"效果 > 模糊 > 径向模糊"命令，在弹出的"径向模糊"对话框中进行设置，如图10-68所示，单击"确定"按钮，图像效果如图10-69所示。

图10-67　　　　　　　　　　　图10-68　　　　　　　　　　　图10-69

2. 特殊模糊

"特殊模糊"命令可以使图像背景产生模糊效果,常用来制作柔化效果。

选中图像,如图10-70所示。选择"效果 > 模糊 > 特殊模糊"命令,在弹出的"特殊模糊"对话框中进行设置,如图10-71所示,单击"确定"按钮,图像效果如图10-72所示。

图10-70

图10-71

图10-72

3. 高斯模糊

"高斯模糊"命令可以使图像变得柔和,常用来制作倒影或投影。

选中图像,如图10-73所示。选择"效果 > 模糊 > 高斯模糊"命令,在弹出的"高斯模糊"对话框中进行设置,如图10-74所示,单击"确定"按钮,图像效果如图10-75所示。

图10-73

图10-74

图10-75

10.4.5 "画笔描边"效果组

"画笔描边"效果组可以通过设置不同的画笔和油墨来产生类似绘画的效果,如图10-76所示。

图10-76

"画笔描边"效果组中的各效果如图10-77所示。

原图像   "喷溅"效果   "喷色描边"效果

"墨水轮廓"效果   "强化的边缘"效果   "成角的线条"效果

"深色线条"效果   "烟灰墨"效果   "阴影线"效果

图10-77

10.4.6 "素描"效果组

"素描"效果组可以模拟现实中的素描、速写等美术方法对图像进行处理，如图10-78所示。

"素描"效果组中的各效果如图10-79所示。

图10-78

原图像

"便条纸"效果

"半调图案"效果

"图章"效果

"基底凸现"效果

"影印"效果

"撕边"效果

"水彩画纸"效果

"炭笔"效果

"炭精笔"效果

"石膏效果"效果

"粉笔和炭笔"效果

"绘图笔"效果

"网状"效果

"铬黄"效果

图10-79

10.4.7 "纹理"效果组

"纹理"效果组可以使图像产生各种纹理效果,利用前景色在空白的图像上可以制作纹理图,如图10-80所示。

"纹理"效果组中的各效果如图10-81所示。

图10-80

原图像

"拼缀图"效果

"染色玻璃"效果

"纹理化"效果

"颗粒"效果

"马赛克拼贴"效果

"龟裂缝"效果

图10-81

10.4.8 "艺术效果"效果组

"艺术效果"效果组可以模拟不同的艺术派别，使用不同的工具和介质为图像创造出不同的艺术效果，如图10-82所示。

"艺术效果"效果组中的各效果如图10-83所示。

图10-82

原图像

"塑料包装"效果

"壁画"效果

"干画笔"效果

"底纹效果"效果

"彩色铅笔"效果

"木刻"效果

"水彩"效果

"海报边缘"效果

"海绵"效果

"涂抹棒"效果

"粗糙蜡笔"效果

"绘画涂抹"效果

"胶片颗粒"效果

"调色刀"效果

"霓虹灯光"效果

图10-83

10.4.9 "风格化"效果组

"风格化"效果组中只有一种效果,如图10-84所示。

图10-84

"照亮边缘"效果可以把图像中的低对比度区域变为黑色,高对比度区域变为白色,从而使图像上不同颜色的交界处产生发光效果。

选中图像,如图10-85所示,选择"效果 > 风格化 > 照亮边缘"命令,在弹出的"照亮边缘"对话框中进行设置,如图10-86所示,单击"确定"按钮,图像效果如图10-87所示。

图10-85   图10-86   图10-87

10.5 样式

Illustrator 2020提供了多种样式库供选择和使用。

10.5.1 "图形样式"控制面板

选择"窗口 > 图形样式"命令,弹出"图形样式"控制面板。在默认状态下,控制面板如图10-88所示。在"图形样式"控制面板中,提供了多种预置的样式。在制作图像的过程中,不但可以任意调用控制面板中的样式,还可以创建、保存、管理样式。在"图形样式"控制面板的下方,"断开图形样式链接"按钮用于断开样式与图形之间的链接;"新建图形样式"按钮用于建立新的样式;"删除图形样式"按钮用于删除不需要的样式。

Illustrator 2020提供了丰富的样式库,可以根据需要调出样式库。选择"窗口 > 图形样式库"命令,弹出其子菜单,如图10-89所示,可以调出不同的样式库,如图10-90所示。

图10-88　　　　　　　　　图10-89　　　　　　　　　图10-90

提示　Illustrator 2020中的样式有CMYK颜色模式和RGB颜色模式两种类型。

10.5.2　使用样式

　　选中要添加样式的图形，如图10-91所示。在"图形样式"控制面板中单击要添加的样式，如图10-92所示。图形被添加样式后的效果如图10-93所示。

图10-91　　　　　　　　　图10-92　　　　　　　　　图10-93

　　定义图形的外观后，可以将其保存。选中要保存外观的图形，如图10-94所示。单击"图形样式"控制面板中的"新建图形样式"按钮，样式被保存到样式库，如图10-95所示。用鼠标将图形直接拖曳到"图形样式"控制面板中也可以保存图形的样式，如图10-96所示。

图10-94　　　　　　　　　图10-95　　　　　　　　　图10-96

　　当把"图形样式"控制面板中的样式添加到图形上时，Illustrator 2020将在图形和选定的样式之间创建一种链接关系。也就是说，如果"图形样式"控制面板中的样式发生了变化，那么被添加了该样式的图形也会随之变化。单击"图形样式"控制面板中的"断开图形样式链接"按钮 ，可断开链接关系。

10.6 "外观"控制面板

在Illustrator 2020的"外观"控制面板中，可以查看当前对象或图层的外观属性，其中包括应用到对象上的效果、描边颜色、描边粗细、填色和不透明度等。

选择"窗口 > 外观"命令，弹出"外观"控制面板。选中一个对象，如图10-97所示，在"外观"控制面板中将显示该对象的各项外观属性，如图10-98所示。

"外观"控制面板可分为两个部分。

第1个部分为显示当前选择，可以显示当前路径或图层的缩略图。

第2个部分为当前路径或图层的全部外观属性列表，包括应用到当前路径上的效果、描边颜色、描边粗细、填色和不透明度等。如果同时选中的多个对象具有不同的外观属性，如图10-99所示，"外观"控制面板将无法一一显示，只能提示当前选择为混合外观，如图10-100所示。

图10-97　　　　　　图10-98　　　　　　图10-99　　　　　　图10-100

在"外观"控制面板中，各项外观属性是有层叠顺序的。在列举选取区的效果属性时，后应用的效果位于先应用的效果之上。拖曳代表各项外观属性的列表项，可以重新排列外观属性的层叠顺序，从而影响对象的外观。当图像的描边属性在填色属性之上时，图像效果如图10-101所示。在"外观"控制面板中将描边属性拖曳到填色属性的下方，如图10-102所示。改变层叠顺序后图像效果如图10-103所示。

在创建新对象时，Illustrator 2020将把当前设置的外观属性自动添加到新对象上。

图10-101　　　　　　图10-102　　　　　　图10-103

课堂练习——制作矛盾空间效果Logo

练习知识要点 使用矩形工具、凸出和斜角命令、路径查找器命令和渐变工具制作矛盾空间效果Logo，使用文字工具输入Logo文字，效果Logo如图10-104所示。

效果所在位置 学习资源\Ch10\效果\制作矛盾空间效果Logo.ai。

图10-104

课后习题——制作餐饮食品招贴

习题知识要点 使用置入命令置入图片，使用文字工具、填充工具和涂抹命令添加并编辑标题文字，使用文字工具、字符控制面板添加其他相关信息，效果如图10-105所示。

素材所在位置 学习资源\Ch10\素材\制作餐饮食品招贴\01。

效果所在位置 学习资源\Ch10\效果\制作餐饮食品招贴.ai。

图10-105

第 11 章

商业案例实训

本章介绍

  本章结合多个应用领域商业案例的实际应用，详解Illustrator的强大功能和案例制作技巧。读者在学习商业案例并完成大量商业练习后，可以快速地掌握商业案例设计的理念和软件的技术要点，设计制作出专业的作品。

学习目标

- 掌握软件基础功能的使用方法。
- 了解Illustrator的常用设计领域。
- 掌握Illustrator在不同设计领域的应用技巧。

技能目标

- 掌握"超市插画"的制作方法。
- 掌握"美妆类App的Banner广告"的制作方法。
- 掌握"店庆海报"的制作方法。
- 掌握"少儿读物书籍封面"的制作方法。
- 掌握"苏打饼干包装"的制作方法。

11.1 插画设计——绘制超市插画

11.1.1 项目背景及要求

❶ 客户名称

欣欣超市。

❷ 客户需求

欣欣超市是一家综合性的生活超市。本案例是要为超市绘制形象插画，要求表现出超市一应俱全的特点。在插画绘制上要注重对细节的表现，能够让人印象深刻。

❸ 设计要求

（1）插画的设计要求能够快速传递准确的信息。

（2）设计形式要简洁，具有特色。

（3）画面色彩要使用丰富细腻的颜色，使画面丰富舒适。

（4）设计风格具有特色，能够让顾客好奇及产生兴趣。

（5）设计规格为250 mm（宽）×150 mm（高），分辨率为300dpi。

11.1.2 项目素材及要点

❶ 素材资源

图片素材所在位置：学习资源\Ch11\素材\绘制超市插画\01~03。

文字素材所在位置：学习资源\Ch11\素材\绘制超市插画\文字文档。

❷ 作品参考

参考效果所在位置：学习资源\Ch11\效果\绘制超市插画.ai。

❸ 制作要点

使用矩形工具、变换控制面板、圆角矩形工具、剪切蒙版命令和填充工具绘制超市房屋，使用矩形工具、镜像工具、描边控制面板、剪切蒙版命令绘制广告牌，使用文字工具、字符控制面板添加超市名称，使用矩形工具、变换控制面板和填充工具绘制遮阳伞等，效果如图11-1所示。

图11-1

课堂练习1——绘制轮船插画

练习1.1 项目背景及要求

❶ 客户名称

《海上世界》。

❷ 客户需求

《海上世界》是一本儿童插画故事书，通过插画的形式向孩子传达有关大海的知识，内容简单通俗易懂。本案例要求绘制是以轮船为主题的插画，在绘制插画时要通过简洁的绘画语言表现出轮船的神秘及大海的魅力。

❸ 设计要求

（1）插画设计要形象生动、可爱。

（2）设计形式要直观醒目，充满趣味性。

（3）画面色彩要丰富多样，表现形式层次分明，具有吸引力。

（4）设计风格具有特色，让人产生向往。

（5）设计规格为250mm（宽）×150 mm（高），分辨率为300dpi。

练习1.2 项目素材及要点

❶ 素材资源

图片素材所在位置：学习资源\Ch11\素材\绘制轮船插画\01。

❷ 作品参考

参考效果所在位置：学习资源\Ch11\效果\绘制轮船插画.ai。

❸ 制作要点

使用椭圆工具、矩形工具、直接选择工具、变换控制面板和路径查找器命令绘制船体，使用椭圆工具、缩放命令、直线段工具、旋转工具和路径查找器命令绘制救生圈，使用矩形工具、变换控制面板、圆角矩形工具和填充工具绘制烟囱、栏杆和船舱，效果如图11-2所示。

图11-2

课堂练习2——绘制生日蛋糕插画

练习2.1 项目背景及要求

❶ 客户名称

兔兔儿童书籍。

❷ 客户需求

兔兔儿童书籍是专为儿童提供的最新版童话故事的书。本案例是为儿童书籍绘制插画。要求绘制以生日蛋糕为主题的插画，在绘制插画时要通过简洁的绘画语言表现出生日蛋糕的特点，并充满童趣。

❸ 设计要求

（1）插画设计外形要生动、可爱丰富。

（2）设计形式要直观醒目，充满趣味性。

（3）画面色彩要丰富多样，层次分明，具有独特的魅力。

（4）设计风格具有特色，能够引起人们的共鸣。

（5）设计规格为210mm（宽）×297mm（高），分辨率为300dpi。

练习2.2 项目素材及要点

❶ 素材资源

文字素材所在位置：学习资源\Ch11\素材\绘制生日蛋糕插画\文字文档。

❷ 作品参考

参考效果所在位置：学习资源\Ch11\效果\绘制生日蛋糕插画.ai。

❸ 制作要点

使用矩形工具和椭圆工具绘制背景，使用符号控制面板添加需要的蛋糕图形，使用文字工具添加祝福文字，效果如图11-3所示。

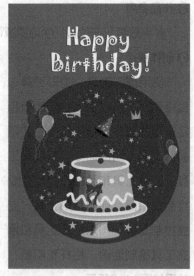

图11-3

课后习题1——绘制夏日沙滩插画

习题1.1 项目背景及要求

❶ 客户名称

星海旅游杂志。

❷ 客户需求

星海旅游杂志是一家专业的旅游杂志，它介绍最新的时尚旅游资讯信息、提供最实用的旅行计划、体现时尚生活和潮流等信息。本案例是为杂志绘制栏目插画，要求符合栏目主题，体现出美丽的沙滩海景。

❸ 设计要求

（1）设计要求具有极强的表现力。

（2）形式要直观醒目，充满趣味性。

（3）画面色彩要丰富，表现形式层次分明。

（4）设计风格具有特色，能够引起人们的共鸣，从而产生向往之情。

（5）设计规格为1000px（宽）×1000px（高），分辨率为72dpi。

习题1.2 项目素材及要点

❶ 素材资源

图片素材所在位置：学习资源\Ch11\素材\绘制夏日沙滩插画\01、02。

文字素材所在位置：学习资源\Ch11\素材\绘制夏日沙滩插画\文字文档。

❷ 作品参考

参考效果所在位置：学习资源\Ch11\效果\绘制夏日沙滩插画.ai。

❸ 制作要点

使用钢笔工具绘制心形，使用符号控制面板添加符号图形，使用不透明度命令制作符号图形的透明效果，使用文字工具添加标题文字，效果如图11-4所示。

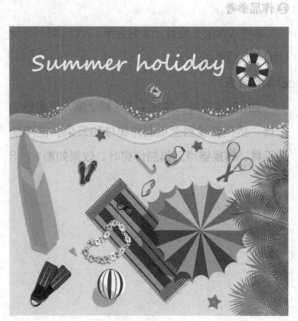

图11-4

课后习题2——绘制休闲卡通插画

习题2.1 项目背景及要求

❶ 客户名称

休闲生活杂志。

❷ 客户需求

休闲生活杂志是一本包含家居设计、生活妙招、宠物喂养、休闲旅游和健康养生的生活类杂志期刊。本案例是为旅游栏目设计制作野外烧烤插画，要求与栏目主题相呼应，能体现出轻松、舒适之感。

❸ 设计要求

（1）插画风格要求温馨舒适，简洁直观。

（2）设计形式要细致独特，充满趣味性。

（3）画面色彩要淡雅闲适，表现形式层次分明，具有吸引力。

（4）设计风格具有特色，能够引起人们的共鸣。

（5）设计规格为485px（宽）×450px（高），分辨率为72dpi。

习题2.2 项目素材及要点

❶ 素材资源

图片素材所在位置：学习资源\Ch11\素材\绘制休闲卡通插画\01。

文字素材所在位置：学习资源\Ch11\素材\绘制休闲卡通插画\文字文档。

❷ 作品参考

参考效果所在位置：学习资源\Ch11\效果\绘制休闲卡通插画.ai。

❸ 制作要点

使用钢笔工具、填充工具绘制土壤，使用椭圆工具、路径查找器面板制作树枝和云朵，使用椭圆工具、转换锚点工具制作树叶，效果如图11-5所示。

图11-5

11.2 Banner广告设计——制作美妆类App的Banner广告

11.2.1 项目背景及要求

❶ 客户名称

海肌泉有限公司。

❷ 客户需求

海肌泉有限公司是一家拥有护肤、彩妆、香水等多个产品领域的化妆品公司。现推出新款水润防晒霜，要求设计一款Banner，用于线上宣传。设计要求为符合年轻人的喜好，给人清爽、透亮的感觉。

❸ 设计要求

（1）广告的设计要求以产品实物为主体。

（2）设计要求以插画元素来装饰画面，表现产品特色。

（3）画面色彩要明亮，使用大胆而丰富的色彩，丰富画面效果。

（4）设计风格具有特色，版式活而不散，能够引起顾客的兴趣及购买欲望。

（5）设计规格为750px（宽）×360px（高），分辨率为72dpi。

11.2.2 项目素材及要点

❶ 素材资源

图片素材所在位置：学习资源\Ch11\素材\制作美妆类App的Banner广告\01、02。

文字素材所在位置：学习资源\Ch11\素材\制作美妆类App的Banner广告\文字文档。

❷ 作品参考

参考效果所在位置：学习资源\Ch11\效果\制作美妆类App的Banner广告.ai。

❸ 制作要点

使用矩形工具、钢笔工具绘制背景，使用椭圆工具、描边控制面板制作装饰圆，使用置入命令添加产品图片，使用投影命令为产品图片添加投影效果，使用文字工具添加广告信息，使用矩形工具、添加锚点工具和直接选择工具制作装饰框，效果如图11-6所示。

图11-6

课堂练习1——制作金融理财App的Banner

练习1.1　项目背景及要求

❶ 客户名称

MK money。

❷ 客户需求

MK money是一个专业的理财平台。现平台推出新款理财项目，为了吸引用户，希望设计出一个可以促使用户到平台理财的Banner，用于平台展示宣传。设计要贴合理财的主题，从而在一定程度上达到吸引客户的目标。

❸ 设计要求

（1）广告设计要以金融理财类的元素为主体。

（2）设计使用插画的形式来诠释广告内容，表现广告特色。

（3）画面色彩要符合金融行业特色，使用大胆而丰富的色彩，丰富画面效果。

（4）设计风格具有特色，能够引起客户的好奇及产生兴趣。

（5）设计规格为750px（宽）×360px（高），分辨率为72dpi。

练习1.2　项目素材及要点

❶ 素材资源

图片素材所在位置：学习资源\Ch11\素材\制作金融理财App的Banner\01。

文字素材所在位置：学习资源\Ch11\素材\制作金融理财App的Banner\文字文档。

❷ 作品参考

参考效果所在位置：学习资源\Ch11\效果\制作金融理财App的Banner.ai。

❸ 制作要点

使用矩形工具、渐变工具绘制背景，使用钢笔工具、填充工具绘制卡通人物，使用椭圆工具、渐变工具、路径查找器命令和变换控制面板绘制钱币图形，效果如图11-7所示。

图11-7

课堂练习2——制作家电Banner广告

练习2.1 项目背景及要求

❶ 客户名称

美凌电器公司。

❷ 客户需求

美凌电器是以简洁卓越的品牌形象、不断创新的公司理念和竭诚高效的服务质量闻名的。目前，推出新款系列家电，要求制作宣传广告，用于平台宣传及推广。设计以系列家电为主要内容，要求起到宣传作用，向客户传递新品类型及特价优惠信息。

❸ 设计要求

（1）广告内容是以实物为主，与设计元素相互衬托。

（2）色调要通透明亮，带给人干净舒适的感受。

（3）整体设计要寓意深远且紧扣主题。

（4）设计风格具有特色，能够引起人们的关注及订购的兴趣。

（5）设计规格为950px（宽）×480px（高），分辨率为72dpi。

练习2.2 项目素材及要点

❶ 素材资源

图片素材所在位置：学习资源\Ch11\素材\制作家电Banner广告\01、02。

文字素材所在位置：学习资源\Ch11\素材\制作家电Banner广告\文字文档。

❷ 作品参考

参考效果所在位置：学习资源\Ch11\效果\制作家电Banner广告.ai。

❸ 制作要点

使用置入命令添加产品图片，使用文字工具添加广告信息，使用圆角矩形工具、渐变工具绘制装饰图形，效果如图11-8所示。

图11-8

课后习题1——制作汽车Banner广告

习题1.1 项目背景及要求

❶ 客户名称

凌酷汽车集团。

❷ 客户需求

凌酷汽车是以高质量、高性能的汽车产品闻名的。目前凌酷汽车推出一款新型跑车，要求制作宣传广告，能够适用于街头派发，橱窗及公告栏展示。以宣传汽车为主要内容，要求内容明确清晰，展现品牌。

❸ 设计要求

（1）海报内容是以汽车的照片为主，展现出产品的特点。

（2）色调淡雅，带给人安全平稳的视觉感受。

（3）画面干净整洁，使观者视觉被主体汽车吸引。

（4）设计能够让人感受到汽车的品质，并体现高端的品牌风格。

（5）设计规格为900px（宽）×500px（高），分辨率为72dpi。

习题1.2 项目素材及要点

❶ 素材资源

图片素材所在位置：学习资源\Ch11\素材\制作汽车Banner广告\01。

文字素材所在位置：学习资源\Ch11\素材\制作汽车Banner广告\文字文档。

❷ 作品参考

参考效果所在位置：学习资源\Ch11\效果\制作汽车Banner广告.ai。

❸ 制作要点

使用置入命令添加汽车图片，使用矩形工具、添加锚点工具、直接选择工具、路劲查找器命令和钢笔工具制作装饰图形，使用文字工具、创建轮廓命令和渐变工具添加并编辑标题文字，使用文字工具、矩形网格工具添加汽车配置参数，效果如图11-9所示。

图11-9

课后习题2——制作洗衣机网页Banner广告

习题2.1　项目背景及要求

❶ 客户名称

文森艾德。

❷ 客户需求

文森艾德是一家综合性的家电企业，商品涵盖手机、电脑、热水器、冰箱等品类。现推出新款静音滚筒洗衣机，要求进行广告设计，用于平台宣传及推广。设计要符合现代风格，能给人沉稳、干净的印象。

❸ 设计要求

（1）画面设计要求以产品图片为主体。

（2）设计要求使用直观醒目的文字来诠释广告内容，表现活动特色。

（3）画面色彩要干净。

（4）画面版式沉稳且富于变化。

（5）设计规格均为1920px（宽）×800px（高），分辨率为72dpi。

习题2.2　项目素材及要点

❶ 素材资源

图片素材所在位置：学习资源\Ch11\素材\制作洗衣机网页Banner广告\01~04。

文字素材所在位置：学习资源\Ch11\素材\制作洗衣机网页Banner广告\文字文档。

❷ 作品参考

参考效果所在位置：学习资源\Ch11\效果\制作洗衣机网页Banner广告.ai。

❸ 制作要点

使用矩形工具和填充工具绘制背景，使用置入命令添加产品图片，使用钢笔工具、高斯模糊命令制作阴影效果，使用文字工具添加宣传性文字，效果如图11-10所示。

图11-10

11.3 海报设计——制作店庆海报

11.3.1 项目背景及要求

❶ 客户名称

傲米商城。

❷ 客户需求

傲米商城是一家综合性购物商城，涉及食品、果品、蔬菜、模具、花卉等产品。致力于打造贴合大众的购物平台。现需要设计一款周年庆海报，要求能突出海报宣传的主题，同时展现出热闹的氛围和视觉冲击力。

❸ 设计要求

（1）广告要求内容突出，重点宣传此次店庆活动。

（2）主体内容颜色以红色系为主，加以黄色的点缀，营造热闹的氛围。

（3）广告设计要求主次分明，对文字进行具有特色的设计，使消费者快速了解产品信息。

（4）要求画面对比感强烈，能迅速吸引人们注意。

（5）设计规格为210mm（宽）×285mm（高），分辨率为300dpi。

11.3.2 项目素材及要点

❶ 素材资源

图片素材所在位置：学习资源\Ch11\素材\制作店庆海报\01、02。

文字素材所在位置：学习资源\Ch11\素材\制作店庆海报\文字文档。

❷ 作品参考

参考效果所在位置：学习资源\Ch11\效果\制作店庆海报.ai。

❸ 制作要点

使用矩形工具、钢笔工具、旋转工具和不透明度命令制作背景效果，使用文字工具、字符控制面板、复制命令和填充工具添加标题文字，使用文字工具、字符控制面板、段落控制面板和椭圆工具添加其他相关信息，使用矩形工具、倾斜工具绘制装饰图形，效果如图11-11所示。

图11-11

课堂练习1——制作阅读平台推广海报

练习1.1　项目背景及要求

❶ 客户名称

Circle。

❷ 客户需求

Circle是一个以文字、图片、视频等多媒体形式，实现信息即时分享、传播互动的平台。现需要制作一款宣传海报，能够适用于平台传播，要求内容明确清晰。

❸ 设计要求

（1）海报内容是以书籍的插画为主，将文字与图片相结合，表明主题。

（2）色调淡雅，带给人平静、放松的视觉感受。

（3）画面干净整洁，使观者体会到阅读的快乐。

（4）设计能够让人感受到品牌风格，产生订书的欲望。

（5）设计规格为750px（宽）×1181px（高），分辨率为72dpi。

练习1.2　项目素材及要点

❶ 素材资源

图片素材所在位置：学习资源\Ch11\素材\制作阅读平台推广海报\01、02。

文字素材所在位置：学习资源\Ch11\素材\制作阅读平台推广海报\文字文档。

❷ 作品参考

参考效果所在位置：学习资源\Ch11\效果\制作阅读平台推广海报.ai。

❸ 制作要点

使用置入命令、不透明度选项添加海报背景，使用直排文字工具、字符控制面板、创建轮廓命令、矩形工具和路径查找器控制面板添加并编辑标题文字，使用直接选择工具、删除锚点工具调整文字，使用直线段工具、描边面板绘制装饰线条，效果如图11-12所示。

图11-12

课堂练习2——制作招聘海报

练习2.1 项目背景及要求

❶ **客户名称**

星翰设计。

❷ **客户需求**

星翰设计是一家集平面、网页、UI、插画等线上线下视觉创意为一体的专业化设计公司。专为客户提供设计方面的技术和创意支持，为客户解决项目设计方面的问题。现公司需要新招一批专业设计人才，需要设计一款招聘海报，要求符合公司形象，并且符合行业特色。

❸ **设计要求**

（1）在设计思路上，使用深色背景起到衬托作用。

（2）使用强对比的色彩进行设计，符合设计行业的特点。

（3）设计要求使用插画的形式为画面进行点缀，丰富画面效果，与背景搭配和谐舒适。

（4）广告设计能够吸引应聘者的注意力，突出对公司职位需求及未来发展前景的介绍。

（5）设计规格为210mm（宽）×285mm（高），分辨率为300dpi。

练习2.2 项目素材及要点

❶ **素材资源**

图片素材所在位置：学习资源\Ch11\素材\制作招聘海报\01~03。

文字素材所在位置：学习资源\Ch11\素材\制作招聘海报\文字文档。

❷ **作品参考**

参考效果所在位置：学习资源\Ch11\效果\制作招聘海报.ai。

❸ **制作要点**

使用矩形工具、变换控制面板、直线段工具、描边控制面板制作装饰图形，使用文字工具、直线段工具、路径查找器命令添加并编辑标题文字，使用文字工具、字符控制面板添加介绍性文字，使用矩形工具、直接选择工具和边角选项制作装饰框，效果如图11-13所示。

图11-13

课后习题1——制作音乐会海报

习题1.1 项目背景及要求

❶ 客户名称

大梦敦煌。

❷ 客户需求

大梦敦煌一个演出剧目丰富，文化底蕴深厚的歌剧院,主要以演出戏剧、音乐会为主。现为更好地促进文化交流，接受邀请在奥地利维也纳金色大厅进行以"大梦敦煌"为主题的大型音乐会演出。本例是制作音乐会宣传广告，要求能够适用于街头派发及公告栏展示，能够体现出演出主题及地点。

❸ 设计要求

（1）广告背景以沙漠图片为底，搭配音乐会照片，相互衬托点明主旨。

（2）色调上要给人以复古的感觉。

（3）画面要层次分明，充满韵律感和节奏感。

（4）整体设计要寓意深远且紧扣主题，能让人震撼和产生梦幻的感受。

（5）设计规格为210mm（宽）×297mm（高），分辨率为300dpi。

习题1.2 项目素材及要点

❶ 素材资源

图片素材所在位置：学习资源\Ch11\素材\制作音乐会海报\01~04。

文字素材所在位置：学习资源\Ch11\素材\制作音乐会海报\文字文档。

❷ 作品参考

参考效果所在位置：学习资源\Ch11\效果\制作音乐会海报.ai。

❸ 制作要点

使用置入命令、矩形工具和不透明度选项合成背景，使用文字工具、字符控制面板添加宣传性文字，使用字形命令插入符号，效果如图11-14所示。

图11-14

课后习题2——制作手机海报

习题2.1 项目背景及要求

❶ 客户名称

米心手机专营店。

❷ 客户需求

米心手机专营店是一家手机专卖店。该手机店最新推出了手机促销活动，需要制作针对网店的宣传广告，能够体现出新款产品的特点。广告要求内容丰富，重点宣传此次推出新款产品及优惠活动。

❸ 设计要求

（1）广告要求内容突出，重点宣传此次新品。

（2）添加手机形象，与文字一起丰富画面。

（3）广告设计要求主次分明，对文字进行具有特色的设计，使消费者能快速了解产品信息。

（4）要求画面对比感强烈，能迅速吸引人们注意。

（5）设计规格为297mm（宽）×210mm（高），分辨率为300dpi。

习题2.2 项目素材及要点

❶ 素材资源

图片素材所在位置：学习资源\Ch11\素材\制作手机海报\01~07。

文字素材所在位置：学习资源\Ch11\素材\制作手机海报\文字文档。

❷ 作品参考

参考效果所在位置：学习资源\Ch11\效果\制作手机海报.ai。

❸ 制作要点

使用置入命令添加产品图片，使用文字工具、创建轮廓命令、钢笔工具和星形工具制作标题文字，使用渐变工具和混合工具制作文字立体效果，使用钢笔工具、渐变工具和文字工具添加介绍性文字，效果如图11-15所示。

图11-15

11.4 书籍装帧设计——制作少儿读物书籍封面

11.4.1 项目背景及要求

❶ 客户名称

云谷子书局股份有限公司。

❷ 客户需求

云谷子书局，是一家集图书、期刊和网络出版为一体的综合性出版机构。现公司准备出版一本新书《点亮星空宝宝成长记》，要求为该书籍设计封面，设计元素能够体现出温馨和睦的氛围，符合书籍特色。

❸ 设计要求

（1）书籍封面的设计要简洁而不失活泼，避免呆板。

（2）设计要求具有代表性，突出书籍特色。

（3）色彩的运用简洁舒适，在视觉上能吸引人们的注意。

（4）要留给人想象的空间，使人产生向往之情。

（5）设计规格为310mm（宽）×210mm（高），分辨率为300dpi。

11.4.2 项目素材及要点

❶ 素材资源

图片素材所在位置：学习资源\Ch11\素材\制作少儿读物书籍封面\01~03。

文字素材所在位置：学习资源\Ch11\素材\制作少儿读物书籍封面\文字文档。

❷ 作品参考

参考效果所在位置：学习资源\Ch11\效果\制作少儿读物书籍封面.ai。

❸ 制作要点

使用矩形工具、网格工具、直线段工具、描边控制面板和星形工具制作背景，使用文字工具、矩形工具、路径查找器控制面板和直接选择工具制作书籍名称，使用文字工具、字符控制面板添加相关内容和出版信息，使用椭圆工具、联集按钮和区域文字工具添加区域文字，效果如图11-16所示。

图11-16

课堂练习1——制作美食书籍封面

练习1.1 项目背景及要求

❶ 客户名称

美食记出版社。

❷ 客户需求

《厨房美味美食秘籍》是美食记出版社策划的为都市青年提供美食参考的书籍。本案例是为美食书籍制作书籍封面。美食书籍的内容是围绕美食，所以设计要求以美食图案为画面主要内容，并且进行合理搭配与用色，使书籍看起来更具特色。

❸ 设计要求

（1）封面以美食图案为主体。

（2）使用纯色的背景烘托画面，使画面看起来更诱人。

（3）设计要求表现出书籍时尚、高端的风格。

（4）要求整个设计充满特色，让人一目了然。

（5）设计规格为383mm（宽）×260mm（高），分辨率为300dpi。

练习1.2 项目素材及要点

❶ 素材资源

图片素材所在位置：学习资源\Ch11\素材\制作美食书籍封面\01、02。

文字素材所在位置：学习资源\Ch11\素材\制作美食书籍封面\文字文档。

❷ 作品参考

参考效果所在位置：学习资源\Ch11\效果\制作美食书籍封面.ai。

❸ 制作要点

使用矩形工具绘制背景图形，使用置入命令置入图片，使用直排文字工具添加文字，使用字形命令插入符号，效果如图11-17所示。

图11-17

234

课堂练习2——制作环球旅行书籍封面

练习2.1　项目背景及要求

❶ 客户名称

青青木旅游出版社。

❷ 客户需求

《环球旅行》是青青木旅游出版社策划的一套旅游系列丛书中的一本，书中的内容充满知识性和趣味性，使读者足不出户便可以领略各国风情。现要求进行书籍的封面设计，设计要符合旅游达人的喜好，体现出环球旅行的特色。

❸ 设计要求

（1）封面以著名景点照片作为主要的展现内容。

（2）色彩搭配合理，使画面看起来美观舒适。

（3）设计要求表现出书籍的时尚、典雅的风格。

（4）要求整个设计充满特色，让人一目了然。

（5）设计规格为350mm（宽）×230mm（高），分辨率为300dpi。

练习2.2　项目素材及要点

❶ 素材资源

图片素材所在位置：学习资源\Ch11\素材\制作环球旅行书籍封面\01~03。

文字素材所在位置：学习资源\Ch11\素材\制作环球旅行书籍封面\文字文档。

❷ 作品参考

参考效果所在位置：学习资源\Ch11\效果\制作环球旅行书籍封面.ai。

❸ 制作要点

使用参考线分割页面，使用文字工具、字符控制面板添加并编辑书名，使用字形命令插入字形符号，使用直线段工具、椭圆工具、矩形工具和变换控制面板绘制装饰图形，使用直线段工具、混合工具和剪切蒙版命令绘制线条，使用文字工具、直排文字工具和字符控制面板添加其他相关信息，效果如图11-18所示。

图11-18

课后习题1——制作手机摄影书籍封面

习题1.1 项目背景及要求

❶ 客户名称

新野出版社。

❷ 客户需求

《超美丽 手机摄影大全》是新野出版社策划的摄影类书籍，书中涉及手机摄影的技巧、方法、光影等知识。现要求进行书籍的封面设计，用于图书的出版及发售。

❸ 设计要求

（1）设计要求使用图文搭配诠释书籍内容，表现书籍特色。

（2）画面色彩要明亮鲜丽，使用大胆而丰富的色彩，丰富画面效果。

（3）设计风格具有特色，能够引起读者的好奇及阅读兴趣。

（4）封面版式简单大方，突出主题。

（5）设计规格为383mm（宽）×260mm（高），分辨率为300dpi。

习题1.2 项目素材及要点

❶ 素材资源

图片素材所在位置：学习资源\Ch11\素材\制作手机摄影书籍封面\01~13。

文字素材所在位置：学习资源\Ch11\素材\制作手机摄影书籍封面\文字文档。

❷ 作品参考

参考效果所在位置：学习资源\Ch11\效果\制作手机摄影书籍封面.ai。

❸ 制作要点

使用矩形工具、置入命令、多边形工具和剪切蒙版命令制作背景，使用文字工具、字符控制面板添加书名及相关信息，效果如图11-19所示。

图11-19

课后习题2——制作儿童插画书籍封面

习题2.1 项目背景及要求

❶ 客户名称

新思维美术教育出版社。

❷ 客户需求

《插画欣赏集 精品篇》是新思维美术教育出版社策划的一本儿童插画的书籍，书中的内容充满创造性和趣味性，能启发孩子的创意潜能和艺术性，使孩子在欣赏插画的同时产生兴趣。要求进行书籍的封面设计，用于图书的出版及发售。设计要符合儿童的喜好，给人活力和快乐的印象。

❸ 设计要求

（1）书籍封面的设计要以儿童喜欢的插画元素为主体。

（2）设计要求使用直观的形式来诠释书籍内容，表现书籍特色。

（3）画面色彩要明亮鲜丽，效果丰富活泼。

（4）设计风格具有特色，版式活而不散，以增加阅读兴趣。

（5）设计规格为435mm（宽）×285mm（高），分辨率为300dpi。

习题2.2 项目素材及要点

❶ 素材资源

图片素材所在位置：学习资源\Ch11\素材\制作儿童插画书籍封面\01、02。

文字素材所在位置：学习资源\Ch11\素材\制作儿童插画书籍封面\文字文档。

❷ 作品参考

参考效果所在位置：学习资源\Ch11\效果\制作儿童插画书籍封面.ai。

❸ 制作要点

使用绘图工具和渐变工具绘制背景，使用文本工具、路径文字工具添加封面文字，使用直排文字工具添加书脊文字，使用绘图工具和路径查找器命令制作图形，使用剪切蒙版命令为图片添加蒙版效果，效果如图11-20所示。

图11-20

237

11.5 包装设计——制作苏打饼干包装

11.5.1 项目背景及要求

❶ 客户名称

好乐奇公司。

❷ 客户需求

好乐奇是一家以干果、饼干、茶叶和速溶咖啡等食品的研发、分装及销售为主的公司，致力为客户提供高品质、高性价比、高便利性的产品。现需要制作苏大饼干包装，在画面制作上要具有创意，符合公司的定位与要求。

❸ 设计要求

（1）包装风格要求使用橘黄色，与饼干成分相搭配。

（2）字体要求使用简洁的字体，配合整体的包装风格，使包装更具特色。

（3）设计要求简洁大气，图文搭配编排合理，视觉效果强烈。

（4）以真实简洁的方式向观者传达信息。

（5）设计规格为234mm（宽）×268mm（高），分辨率为300dpi。

11.5.2 项目素材及要点

❶ 素材资源

图片素材所在位置：学习资源\Ch11\素材\制作苏打饼干包装\01~03。

文字素材所在位置：学习资源\Ch11\素材\制作苏打饼干包装\文字文档。

❷ 作品参考

参考效果所在位置：学习资源\Ch11\效果\制作苏打饼干包装.ai。

❸ 制作要点

使用导入命令添加产品图片，使用投影命令为产品图片添加阴影效果，使用矩形工具、渐变工具、变换控制面板、镜像工具、添加锚点工具和直接选择工具制作包装平面展开图，使用文字工具、倾斜工具和填充工具添加产品名称，使用文字工具、字符控制面板、矩形工具和直线段工具添加营养成分表等其他信息，效果如图11-21所示。

图11-21

238

课堂练习1——制作巧克力豆包装

练习1.1　项目背景及要求

❶ 客户名称

美食佳股份有限公司。

❷ 客户需求

美食佳股份有限公司是一家以坚果、干果、茶叶、休闲零食等食品的分装与销售为主的企业。现公司推出新款巧克力豆，需制作一款包装，要求传达出巧克力豆美味、可以给消费者带来享受的特点。设计要求画面丰富，能够快速地吸引消费者的注意。

❸ 设计要求

（1）包装风格要求具有特色，整体可爱美观。

（2）字体要配合整体的包装风格。

（3）设计要求简洁大气，图文搭配编排合理，视觉效果强烈。

（4）以真实、简洁的方式向消费者传达信息。

（5）设计规格为297mm（宽）×210mm（高），分辨率为300dpi。

练习1.2　项目素材及要点

❶ 素材资源

图片素材所在位置：学习资源\Ch11\素材\制作巧克力豆包装\01、02。

文字素材所在位置：学习资源\Ch11\素材\制作巧克力豆包装\文字文档。

❷ 作品参考

参考效果所在位置：学习资源\Ch11\效果\制作巧克力豆包装.ai。

❸ 制作要点

使用钢笔工具、透明度控制面板、高斯模糊命令和直线段工具制作包装底图，使用椭圆工具、圆角矩形工具、缩放命令、镜像工具和路径查找器命令绘制小熊，使用钢笔工具、路径查找器命令、置入命令和剪切蒙版命令绘制心形，使用文字工具、字符控制面板、外观控制面板和填充工具制作产品名称，效果如图11-22所示。

图11-22

课堂练习2——制作糖果手提袋

练习2.1　项目背景及要求

❶ 客户名称

糖之心果味糖果店。

❷ 客户需求

糖之心是一家经营各类糖果生产和加工的糖果店。现要求制作一款店面专用的打包手提袋，要求除了携带方便外，还要达到推销产品和刺激消费者购买欲的目的。

❸ 设计要求

（1）包装风格要求具有特色。

（2）字体要求简洁直观，符合整体的设计风格。

（3）设计要求清新大气，给人舒适感。

（4）以真实简洁的方式向观者传达信息。

（5）设计规格为285mm（宽）×210mm（高），分辨率为300dpi。

练习2.2　项目素材及要点

❶ 素材资源

图片素材所在位置：学习资源\Ch11\素材\制作糖果手提袋\01。

文字素材所在位置：学习资源\Ch11\素材\制作糖果手提袋\文字文档。

❷ 作品参考

参考效果所在位置：学习资源\Ch11\效果\制作糖果手提袋.ai。

❸ 制作要点

使用椭圆工具、路径查找器控制面板和直接选择工具制作糖果，使用文字工具添加文字，使用倾斜工具制作图标倾斜效果，效果如图11-23所示。

图11-23

课后习题1——制作柠檬汁包装

习题1.1 项目背景及要求

❶ 客户名称

康果益食品有限公司。

❷ 客户需求

康果益是一家以干果、茶叶、饮品和速溶咖啡等食品的研发、分装及销售为主的公司，致力为消费者提供高品质、高性价比、高便利性的产品。现需要制作柠檬汁包装，要求在画面制作上清新有创意，符合公司的定位与市场需求。

❸ 设计要求

（1）包装使用卡通绘图给人活泼和亲近感。

（2）画面排版主次分明，增强画面的趣味性。

（3）整体色彩体现出新鲜、清爽的特点，给人健康活力的印象。

（4）整体设计简单大方，易使人产生购买欲望。

（5）设计规格为297mm（宽）×210mm（高），分辨率为300dpi。

习题1.2 项目素材及要点

❶ 素材资源

图片素材所在位置：学习资源\Ch11\素材\制作柠檬汁包装\01~03。

文字素材所在位置：学习资源\Ch11\素材\制作柠檬汁包装\文字文档。

❷ 作品参考

参考效果所在位置：学习资源\Ch11\效果\制作柠檬汁包装.ai。

❸ 制作要点

使用矩形工具、渐变工具和剪切蒙版命令制作包装底图，使用文字工具、字符控制面板、变形命令、直线段工具、整形工具和填充工具添加产品名称和信息，使用钢笔工具、剪切蒙版命令和后移一层命令制作包装立体展示图，效果如图11-24所示。

图11-24

课后习题2——制作坚果食品包装

习题2.1　项目背景及要求

❶ 客户名称

松鼠果果股份有限公司。

❷ 客户需求

松鼠果果股份有限公司是一家以休闲零食、干果、零食等食品的包装及销售为主的食品公司。要求制作一款针对新推出坚果的外包装，设计要求传达出坚果健康、美味的特点，且画面丰富，能够快速吸引消费者的注意。

❸ 设计要求

（1）包装风格要求生动形象地展示产品主体。

（2）颜色的运用要对比强烈，能让人眼前一亮。

（3）图形与文字的处理能体现出食品特色。

（4）整体设计要简单大方、清爽明快，易使人产生购买欲望。

（5）设计规格为160mm（宽）×240mm（高），分辨率为300dpi。

习题2.2　项目素材及要点

❶ 素材资源

图片素材所在位置：学习资源\Ch11\素材\制作坚果食品包装\01~04。

文字素材所在位置：学习资源\Ch11\素材\制作坚果食品包装\文字文档。

❷ 作品参考

参考效果所在位置：学习资源\Ch11\效果\制作坚果食品包装\坚果食品包装平面展开图.ai、坚果食品包装立体展示图.ai。

❸ 制作要点

使用矩形工具、钢笔工具、填充工具和不透明度控制面板制作包装底图，使用图形绘制工具、剪切蒙版命令、镜像工具和填充工具绘制卡通松鼠，使用文字工具、字符控制面板添加商品名称及其他相关信息，使用置入命令、投影命令、剪切蒙版命令和混合模式选项制作包装展示图，效果如图11-25所示。

图11-25